U0346810

迷人的图形

THE BEAUTY
OF NUMBERS
IN NATURE

Mathematical Patterns
and Principles from the
Natural World

［英］伊恩·斯图尔特　著

胡小锐　译

IAN STEWART

中信出版集团｜北京

图书在版编目（CIP）数据

迷人的图形/（英）伊恩·斯图尔特著；胡小锐译
. --北京：中信出版社，2019.4
书名原文：The Beauty of Numbers in Nature:
Mathematical Patterns and Principles from the
Natural World
ISBN 978-7-5086-9886-1

I.①迷… II.①伊… ②胡… III.①图形－普及读
物 IV.①O181-49

中国版本图书馆CIP数据核字（2019）第000692号

The Beauty of Numbers in Nature by Ian Stewart
Text copyright © Joat Enterprises 2001, 2017
Design and layout copyright © The Ivy Press Limited 2001, 2017
All rights reserved.
No part of this book may be reproduced or transmitted in any form or by any means, electronic or mechanical,
including photocopying, recording, or by any information storage-and-retrieval system, without written
permission from the copyright holder.
Simplified Chinese translation copyright © 2019 by CITIC Press Corporation
All Rights Reserved.

迷人的图形

著　　者：[英]伊恩·斯图尔特
译　　者：胡小锐
出版发行：中信出版集团股份有限公司
　　　　　（北京市朝阳区惠新东街甲4号富盛大厦2座　邮编　100029）
承 印 者：北京楠萍印刷有限公司

开　　本：880mm×1230mm　1/32　　　　印　　张：10.75　　　　字　　数：260千字
版　　次：2019年4月第1版　　　　　　　印　　次：2019年4月第1次印刷
京权图字：01-2018-4679　　　　　　　　广告经营许可证：京朝工商广字第8087号
书　　号：ISBN 978-7-5086-9886-1
定　　价：59.00元

版权所有·侵权必究
如有印刷、装订问题，本公司负责调换。
服务热线：400-600-8099
投稿邮箱：author@citicpub.com

目 录

前　言

　　我6岁那年，在一个朋友那里看到了一些稀奇古怪的小五角星。朋友说，那是海百合化石碎片，是他在海滩上拾到的。随后的几个星期里，我经常跑到海滩上试图寻找五角星形状的化石，但再也没有看到。然而，我找到了一些漂亮的螺旋形菊石化石。五角星形、螺旋形……我不由得疑窦顿生：自然界为什么会有这么多图形呢？

　　与之不同的是，我刚刚开始接触数学时，它却给我一种寡淡无味的感觉。学习数学似乎就意味着摆弄数字。虽然代数略有不同，但也仅是用符号来代替未知数罢了。如果有人告诉我化石雅致、美妙的几何形状与数学之间有着紧密的联系，我肯定会觉得不可思议。

　　大多数孩子在刚开始接触数字时都有浓厚的兴趣，但他们随后就会发现计算是一种折磨，而且有的计算似乎毫无意义，因此在若干年之后，很多孩子就会逐渐丧失对数学的兴趣。我与大多数孩子都不同，因为我一直对数学感兴趣，而且随着学习的深入，我有了两个发现：第一，数字本身蕴含着无穷的魅力；第二，数学是一门博大精深的学科，数字仅是冰山一角，除此以外，它还涉及形状、概率、运动，更重要的是，它与图形有关。事实上，人们经常说数学提供了研究各种图形的系统性理论。

　　有的数学图形是"无形"的，例如，所有平方数的个位数都是0、1、4、5、6或9，而不可能是2、3、7或8。从某种意义上讲，这就是一种"图形"，但我们无法在笔记本上工整地把它画出来。有的图形一目了然，例如菊石化石、蜗牛、旋涡、星系全部呈现螺旋形。蜂窝是由成百上千个小六边形构成的，而形状相同的硬币紧密排列时也会形成同样有规律的结构。这种相似性令人吃惊，因为硬币是圆形，而不是六边形。冰晶中的原子也具有同样的排列结构，因此雪花通常有六条边。有的图形还是动态的，例如运动表现出来的规律性。动物的运动尽管有各种各样的表现形式，例如蛇的滑行，马的快步行走，但是归根结底都具有数学的统一性。

　　这些例子都说明了一个深刻的道理：数学图形具有普遍性，不同的情境中经常会出现同一个图形。

　　这就是我创作本书的目的。数学（"数字"）是如何揭示我们周围世界（"自然界"）中蕴藏的秘密的？自然界的各种图形以及解释这些图形的数学原理引发了人类的审美意识（"美"）。自然界的美直接、直观，而数学的美则蕴含于逻辑结构以及深刻的数学发现之中。但由于现代计算机制图技术的发展，数学同样具备了直观表现美的能力。

　　对图形的数学研究可谓源远流长：古希腊人对毕达哥拉斯及其门徒奉若神明，对数字顶礼膜拜，认为数字是整个宇宙的哲学基础；1202年出版的一本书把兔子问题列入其中；一位伟大的数学家因为小提琴可以演奏美妙的乐声而感到困惑不解；一位专利局的职员发现了时间和空间有着千丝万缕的联系；一位离经叛道的数学家因为锯齿状的闪电、枝叶参差不齐的大树和绵延起伏的山脉而感到奇怪，想知道为什么大自然不喜欢球形、圆柱体这类规整的几何形状。

　　本书首先讨论了一个有代表性的简单问题：漫天飞舞的雪花都是对称的六角形，但每一片雪花的形状又各有不同，这是为什么呢？雪花其实就是由水结成的一小团冰，它是如何将规则性与不规则性融为一体，形成了这种奇怪的混合体的呢？在本书结尾，我将就这个问题给出一个算不上圆满的答案，并告诉大家一个事实：数学"图形"千变万化，有的甚至根本看不出是一个图形。有时候，大自然遵循的法则会呈现出某种图形，但大自然本身的表现却看不出任何规律。

　　本书从普普通通的雪花开始讲起，带领大家展开对数学与自然界之间的关系的广泛而深入的讨论。数字在两者之间扮演着重要的角色，六角形等规整形状的作用同样不容忽视，但除此以外，还有一个隐藏得更深的因素，那就是结构形态这个概念，尤其是对称的概念。自然界中的图形不计其数，但成因只有一个，即物理基本定律的对称性，而有的对称性（尽管不一定是所有对称性）会以图形的形式表现出来。例如，沙漠中沙丘形成的平行线与老虎身上的条纹，都产生于相同的对称性破缺过程，但前者是作用在沙子上，而后者是作用于化学色素上。

　　这个问题还涉及动态研究：物体是如何运动的，物体的形状、大小与位置是如何随着时间的迁移而发生变化的。借助研究动态的数学，艾萨克·牛顿发现，只要理解了一个简洁而巧妙的数学法则——万有引力定律，太阳系各大行星纷繁复杂的运动就会变得一目了然。数学告诉我们，解释自然界中各种图形的关键不在于这些图形本身，而在于产生这些图形的基本法则。混沌理论认为，有规律的法则有时会产生无规律的行为或表现。

　　现代科学技术全部建立在这个深刻发现的基础之上。自然界遵从各种各样的规则，而数学可以帮助我们发现并描述这些规则。雪花之所以表现出六方对称，并在这个基础上形成了各种各样的形态，原因很简单，那就是它们需要遵从化学与动态变化法则。有人认为揭示这些规则会破坏美，并用魔术做类比：如果我们知道舞台上的魔术师是如何从帽子里变出一只兔子的，魔术就会失去它的魅力。但是，自然界的图形可不是舞台上的魔术，了解这些图形的起源，可以进一步揭示图形中蕴含的特点与关系，让我们得到更多美的感受。

第一部分 图形的原理

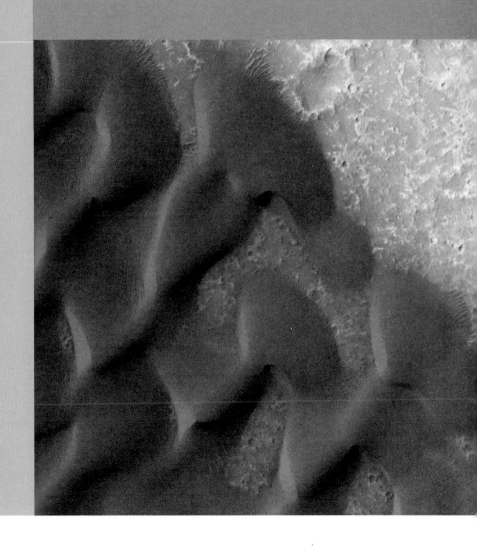

第 1 章
雪花是什么形状的？

　　雪花是什么形状的？一片雪花静静地躺在我的衣袖上，在街灯的照射下微微闪着光。天空中还有一片片一碰就碎的雪花，轻轻地飘落下来。天气非常寒冷，但这正合我意，因为这样我就可以在雪花融化之前，认真地观察它们的形状了。但我的两只耳朵已经冻得有点儿麻木了。

　　单凭肉眼也可以看出我衣袖上的这片雪花呈现出一个明显的形状，而不是毫无规律的一团。我专门买了一个放大镜，在它下面，这片雪花绽放出一种摄人心魄的美。它看起来就像用洁净的水晶制成的蕨草，更准确地说，它像是由六棵根部相连、形态一致的蕨草组成的。规律性与随意性、有序与无序、图形与无意的随性集中在这片雪花上，形成了一个奇怪的混合体。它呈现出堪称完美的六方对称，六个部分的形状一模一样，而这种形状从未出现在欧几里得几何中。这不是一种毫无规律的形状，但是你也无法在任何词典中找到这种形状的名称。

　　你可以找到"树枝晶体"（dendrite）这个词，但是科学家用这个词指代某一类形状，而不是某一个具体的形状。这个词来源于希腊语中表示"树"的词。树是什么形状？答案是：树形。但是，雪花不是树，不是蕨草，也不是羽毛。

雪花就是雪花，它的形状呈雪花形。

接着，又一片雪花飘落下来。这片雪花也是六方对称的形状，神奇的是，它与蕨草的形状有所区别，与第一片雪花不太一样。看起来，"雪花形"这个表达会导致一个问题。据说，任何两片雪花的形状都不会完全相同。但是，作为一名专业从事数学研究的人，我可能会认为这句话要么毫无价值，要么有些夸张。如果深入研究，自然界中任何两个事物都会有所不同。或许，你可以找到两个一模一样的电子，但我认为这种可能性也不大。如果仅考虑低倍放大镜下可以观察到的差异，考虑到地球40亿年历史中曾经飘落下来的不计其数的雪花，那么在某时某地出现两片完全相同的雪花应该是可能的吧？但是，如果计算一下可能性，你就会发现答案未必那么肯定。假设我的眼睛可以分辨100个细微特征，每片雪花可能具备也可能不具备这些特征，那么一共可以形成10^{30}种不同的形状。可见，无论如何，我都难以在这么多片不同形状的雪花中找出完全相同的两片来。

同大多数人一样，我从可以看懂百科全书的时候起，就对雪花的

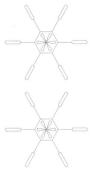

从远处看，一望无垠的雪景给人一种宏伟壮丽的美感。但是近距离观察时，一片形状规则的雪花包含了非常重要的信息，有助于我们了解自然界的各种图形中蕴藏的美以及复杂性

形状有所了解。但在这之前，我只是在书本上看过雪花的照片，或偶尔看过真实的雪花。这天晚上，我第一次掏出放大镜认真观察。我惊奇地发现，百科全书说得不错，这些雪花有点儿像蕨类植物的叶子，轮廓呈清晰的六角形。在数学家的眼中，它们就是典型的六角形。有的雪花是标准的六角形，六条线都是直线，因此它们具有相同的形状。我想，那句形容雪花形状千变万化的经典说辞要么是没有把这些雪花包含进去，要么本身就是一种诗意的破格。但其他雪花怕是只能算作与六角形相差几个辈分的远亲了，而这正是我要研究的对象。

雪花这样的形状到底是如何形成的呢？整个过程非常神秘。但是，站在这个寒冷彻骨的冬夜里，我清楚地知道它肯定与冰有关。雪花是由冰形成的，所以这个过程肯定与冰有关。

我用冰箱制成的冰都是方块状的。当然，我们虽然称之为方块，但实际上它们只是大致呈现出方块的形状。它们没有变成六角形，也不像羽毛状的蕨类植物的叶片。而且，这些冰都是用模具制成的。只要买到合适的模具，你可以制成满满一冰箱的泰迪熊状或六边形冰

并不是说把两个氢原子和一个氧原子组合到一起就可以形成水，它更像一个房间，里面挤满了正在翩翩起舞的人。在水结成冰时，所有人都停止了舞步，姿态就定格在舞步停止的那一刻

块，但这样做其实是在自欺欺人。云层上方是没有制作雪花的专用模具的。在那里，冰在没有人干预的情况下聚集到一起，呈现出了某种图形。但是，无论云层上方发生了什么，都肯定与冰有着某种关系。

杰克冻人

小时候，我的卧室窗户内侧玻璃上的杰克冻人①——因为结冰而形成的羽毛状和树叶状图案，是冰雪留给我的最早记忆之一。

我家住的是带飘窗的房子，位于联排住宅的末端。冬天，我们用煤炭取暖。到了晚上，炉火逐渐变弱，最终熄灭。空气中的水遇到冰冷的窗户就会冷凝，到了深夜还会结冰。因此，每天早晨，窗玻璃上就会布满树叶状的冰，给人一种置身卢梭②笔下超现实丛林的感觉。当然，那时候的我肯定不会有这种感觉。但是这些冰真的很好看，也令我困惑不已。

现代家庭大多采用中央供暖系统，因此我们不大可能在窗户上看到这样的冰。但是，如果在结冰的天气里将车停在户外，第二天你就可以看到车窗，甚至整个车身上都有这样的图案。看来，在不受干扰时，冰很容易形成这种树叶状的图案，而它需要的条件就是寒冷。但是，云层中没有窗户，雪花又是怎样形成的呢？而且，窗玻璃上的杰克冻人也不是六角形，而是一堆乱蓬蓬的树叶状图案。然而，我们仍

---

① 杰克冻人（Jack Frost）是梦工厂动画片《守护者联盟》里的主角。——译者注
② 亨利·卢梭（Henri Rousseau, 1844—1910），法国卓有成就的伟大画家。——译者注

可以从这些树叶状的冰开始研究，这似乎是一个好主意。下面我们来看看它们到底是如何形成的。

冰可以形成各种各样的形状。即使在天上的云层中，也有针状、管状和三角形（尽管比较少见）的冰，更不用说金字塔形、子弹形和冠柱形的冰块了。此外，云层中还可以形成冰雹。竟然还有冰雹！几年前，我们曾经在明尼阿波利斯遭遇过一次冰雹。下午三四点钟的时候，天突然变得阴沉沉的，仿佛午夜提前降临了。高尔夫球大小的冰雹从天而降，在汽车上砸出了坑，吓得路人四处奔逃。冰雹的重量，再加上大风的作用，把大树连根拔起。那次冰雹发生在春天。当明尼苏达州进入漫长的冬季之后，你会发现各种形态的冰——雪堆、冰柱……明尼苏达州有很多湖，每到冬天都是一幅冰天雪地的景象。

冰是什么？冰是冻结的水。那么，水是什么？化学课本告诉我们，水分子非常简单，包含两个氢原子和一个氧原子。但是，这种简单成分具有欺骗性，因为水是最微妙、最难以理解的液体之一。水可以溶解非常多的化学物质，是生命体的一个重要组成成分。

我经常想，广袤宇宙的深处肯定有其他形式的生命。它们是由不同的物质构成的，但是从复杂程度、自组织等更深层次的特征来看，它们与地球生命有着相似之处。外星生命可能不会把遗传信息储存在DNA（脱氧核糖核酸）编码中，它们可能不是由碳构成的，可能不需要水，可能不需要星体、大气，它们甚至可能不是由物质构成的（比如，我们可以假设某种生命形式是由某颗恒星表面上纵横交错的磁旋涡构成的）。但是，在我们发现这些生命体之前（也可能除我们之外，再也没有其他生命体了），我们目前知道的生命形式都严重依赖水的特性。

在冷的表面上生成的冰晶，向各个方向延伸的速度是不一样的，因此会拥挤成一团，就像一簇簇亮晶晶的锯齿状树叶。这些冰至少有 16 种形状。看来，通过雪花揭示其中的秘密并不是一件容易的事

也正是出于这个原因，美国国家航空航天局对木星的卫星木卫二产生了兴趣。木卫二的表面覆盖着半英里①厚的冰层，似乎并不适宜生命的存活。但是，有确凿证据表明，木卫二的冰层下方有大量液态水，深度超过 60 英里。也就是说，木卫二上的水比地球表面全部海洋的储水量还要多。由于受到木星潮汐力的反复作用，木卫二星核的温度比较高，所以可以提供能量。地球最大的湖之一——沃斯托克湖，位于南极冰层下大约 2 英里深。我们知道沃斯托克湖水中有细菌，那么木卫二的冰层下为什么不能有细菌存在呢？

水是一种独特的化学物质，除了液态以外，它还可以变成气态（蒸汽）和固态（冰）。只有气态的水看起来比较简单。

① 1 英里 ≈ 1.61 千米。——编者注

痴迷图形的开普勒 ————————————————————

雪花是什么形状的？可以想象，在很久以前，肯定有一位人类的
远祖，即一位目光敏锐的原始人，曾经疑惑地盯着凝结在自己毛发上
的白色小颗粒。我知道，雪花呈六方对称的说法已经流传了数千年。
我的藏书中就有一本翻旧了的《论六角形雪花》(*On the Six-Cornered
Snowflake*)。1611 年，德国天文学家约翰尼斯·开普勒写完了这本
书，将它作为新年礼物送给了他的资助人——瓦肯菲尔斯的约翰·马
修·瓦克尔。开普勒对图形的发掘情有独钟，到了近乎痴迷的程度。
他从石榴籽和行星运动中发现了数学规则，其中一些规则对今天的科
研人员仍然具有启发作用。石榴籽具有三维密堆积几何体的重要特
征。石榴在其果实的有限空间里塞入尽可能多的种子，高效地完成了
进化的过程。同时，开普勒通过研究行星的运动，准确找到了行星轨

自然界中的图形有时是与基
本物理规律暗合的。开普勒
借助石榴籽的排列，理解了
冰的结构特点

迹的形状——椭圆。1609—1619年，开普勒发现这些行星绕太阳公转的周期和它们沿轨道运行的速度，与它们到太阳的距离有关。50年后，艾萨克·牛顿以开普勒的这些发现为基础，提出了万有引力定律。在爱因斯坦提出新理论前的250年里，没有人订正或质疑过牛顿的定律。即使到了现代，利用牛顿定律仍然可以精准地把人类送到月球。开普勒还从行星间的距离中发现了（或者说他自以为发现了）一条数学定律，但是这条定律没有经受住时间的考验。他犯的第一个错误是，他认为只有6颗大行星，而我们现在已经发现了8颗。

　　尽管犯了几次错误，但开普勒在科学领域的"命中率"仍然高得惊人。近400年前，物理学才刚刚点亮伽利略眼中的一点儿光芒，数学家、神秘主义者开普勒就已经提出了雪花之谜。"雪花在飘落之初的形状是小小的六角形，这肯定是有原因的。如果只是偶然，为什么它们不是五角形或者七角形呢？只要所有雪花一直相互分离，只要它

天上的星体看起来杂乱无序，但即便如此，它们的运动方式也蕴含着某种图形。每天晚上，它们都会沿着圆弧轨迹绕北极星运转。这幅图告诉我们，旋转的不是天空，而是地球。当地球旋转时，天上的星星似乎也在旋转。北极星看上去位置保持不变，是因为它与地球的地轴正好对齐

们没有在飘落的过程中受到挤压，它们就会一直是六角形，这是为什么呢？"开普勒凭借自己在研究自然界中的图形、探索它们与数学之间联系的丰富经验，为雪花的六方对称给出了一个完美的解释。对开普勒而言，虽然他也无法理解蕨叶状及其无数变体的形成原因，但是对雪花呈六角形这个最基本的特点，他还是可以解释的。

　　我的目标比开普勒更大。我不仅要揭开雪花的秘密，还想要了解自然界呈现出来的所有图形。我知道自己不大可能实现这个目标，但是我想尽可能走得远一些。自然界还有很多难解之谜：螺旋形的蜗牛外壳，马陆行走时各条腿波浪式的运动方式，密集排列的蜂窝，圆弧状的彩虹，老虎的斑纹，绵延起伏的山脉，蓝白相间的地球鸟瞰图，由4 000亿颗恒星组成、太阳仅是其中一个普通星体的银河系，神秘莫测的旋涡状仙女星系，宇宙以及组成宇宙的那些物理特性各异的粒子等。

　　自然界的这些图形到底从何而来，是什么因素形成的呢？上面这些问题，有的连开普勒也未曾想过，但是这些肯定都是他感兴趣的问题。如果他知道这些问题的答案与他痴迷的雪花有着某种联系，他肯定会惊讶不已。接下来，我将和大家一起，踏上探索雪花奥秘的征程，随后还将进一步揭开隐藏在宇宙深处的惊人秘密。

第 2 章
自然界中的图形

　　数学家总是在寻找普遍性。当他们发现某一个三角形的内角和等于180度时，他们没觉得奇怪，但是，当他们发现所有三角形都具有这个特点时，他们就不由得震惊了。大量实例有助于我们找出普遍性，因为我们可以通过比较，从这些实例中提取出具有普遍性的精髓。雪花是自然界中图形形成的一个实例，但是如果我们不扩大探索的视角，就很难揭开雪花的神秘面纱。

　　地球是寻找图形最合适的场所。太阳系中的其他行星都只有岩石（要么非常热，要么非常冷，总之与"合适"搭不上边），而地球上还有动物和植物。无论是有机自然界还是无机自然界，都包含引人瞩目的图形（例如，蝴蝶与彩虹的色彩范围都是一致的），但动物和植物似乎可以毫不费力地呈现出各种各样的颜色与形状。在这个方面，无机自然界难以与之匹敌。

　　条纹是最常见的动物斑纹之一。有的动物条纹非常规整，它们的条纹常常让我们联想起数学中的平行线，一组黑白相间或者紫色与黄色交替的平行线。热带鱼（各种规整程度的条纹在热带鱼身上都比较常见）和海贝身上常见有大致规整的条纹。皇帝神仙鱼可谓名副其实，因为它们都身穿"皇家服装"：明亮的金色与紫色中透出淡淡的

最受自然界青睐的图形之一是斑马等动物身上的条纹。简单地说，动物毛皮上的条纹与等距平行线相似

白色，非常显眼的黑白色窄条纹几乎从头覆盖到尾。这些条纹并非绝对整齐，有的地方分岔，形成"Y"形，有的则稍稍偏斜，但总体来说比较整齐。海贝有两种条纹，大多数条纹与海贝的螺旋结构同向，还有一些与之垂直。有些动物，例如浣熊，尾巴上有醒目的环状条纹。

当然，说到动物的条纹，大多数人首先想到的肯定是斑马和老虎。斑马的条纹粗犷、显眼，谈不上相互平行，错综复杂的程度明显超过我们能想到的任何数学图形。其大腿及尾巴根部的条纹非常有意思，而且三大类斑马（平原斑马、细纹斑马和高山斑马）的条纹各具特色。老虎的条纹更加复杂，就像有人用画笔在这个庞大猫科动物的肋腹创作了一幅雅致的书法作品一样。威廉·布莱克[①]曾经用"可怕的

---

① 威廉·布莱克（William Blake），英国浪漫主义诗人、画家。主要诗作有诗集《纯真之歌》《经验之歌》等。——译者注

对称"这个令人难忘的说法来形容老虎。他的本意可能是说老虎的体形优雅有力，但对数学家而言，老虎的对称性还包括它的条纹，而且这个说法并不只是一个比喻。

　　无机自然界也有自己特有的条纹。涌上海滩的海水通常会形成一行行长长的相互平行的波浪线，用波峰、波谷代替了黑白两色。沙漠深处的沙丘呈现出来的最简单的图形有两种，一种是横向沙丘，另一种是线性沙丘；前者的沙丘条纹与盛行风的方向垂直，后者的条纹与不定风成一定的角度。我们还可以在岩石中发现条纹。澳大利亚有全球唯一的斑马石矿，出产的石头看上去就像条纹糖果（可惜的是，这座石矿就要变成一座水库了）。但是，岩石里的条纹记载了历史信息，从中可以了解这些岩石在河口或浅海水底层层沉积的过程。然而，波浪与沙丘的条纹则是在更短的时间内创造出来的，海浪更是当前动态的一种表现。

　　毛皮、皮肤、沙与水的条纹，真的像它们表面看起来那样截然不

不仅鱼身上有条纹，海洋也有条纹（我们称之为波浪）。不同物质形成的条纹具有相似的几何特征，这能否说明其中隐藏着某种数学统一性呢？或者说这只是一个巧合？

同吗？除了视觉双关，它们有没有其他的相似之处呢？是否有隐藏的
统一性呢？是否存在普遍适用的条纹生成机制呢？如果我的雪花探索
之旅能够取得成功，就说明自然界中的各种图形肯定遵循某种普遍机
制。如果我无法从自然界的某些条纹中找出统一性，那么我该如何改
变我的探索方向呢？

藏在沙里的鬼斧神工

　　条纹经常蕴含在更复杂的图形之中，例如退潮后沙滩上留下的波
纹、沙漠中的沙丘。结构特点鲜明的沙漠简直就是图形形成实验室，
尽管我们对沙的图形形成机制知之甚少。

　　沙丘的物理特性看起来非常简单。风吹过沙漠时，某些地方的沙
粒就会被吹起，然后在其他地点沉积下来。沙丘形成之后，它的形状
会影响气流，进而影响沙粒流失与沉积的数量和地点。因此，气流的

图形与沙堆的图形通常会同步演化。

　　这会产生变幻莫测的迷人效果。平行条纹构成的简单图形仅仅是开胃小菜。随后，大型沙丘将披上细小的波纹，横向沙丘的平行脊线也会变成蜿蜒曲折的锯齿状，形成类新月形沙丘脊线。沙堆勾勒出来的线条有时彻底消失，形成弯弯的新月形沙丘，两翼逐渐被风抚平；有时形成抛物线状沙丘，弯曲的顶部是少量沙构成的新月形，两翼则指向上风方向。如果风向多变，沙漠中就会出现一大片穹状沙丘，每个沙丘的顶部都呈圆形，表面光滑。如果风向更频繁地变化，这些圆顶就会变成一颗颗星星，点缀在方圆数百英里的沙漠之中。

　　火星上也发现了新月形沙丘图形。土星的卫星土卫六（又称泰坦星）拥有太阳系中已知最大的线性沙丘场。

　　对于沙漠中数量众多的图形，人类目前进行的理论研究大多离不开计算机模拟。虽然涉及的物理学知识可能很简单，但是将其转化为数学语言却难度极大。沙漠是由一颗颗沙粒组成的，与空气、水等可以精细分割的流体有所不同，因此，数学家最常用的一

即使利用简单如沙粒的材料，大自然也能雕琢出雅致的图案。被风裹挟着四处飞扬的沙竟然可以形成井然有序的沙丘——巨大的波浪状沙堆遍布整个沙漠，看上去像静止不动的丘陵和山谷，实际上却在层层推进。沙漠中的沙形成了各种各样的图形，有的简单，有的复杂。沙丘就像缓慢前进的海浪，还可以像水波那样形成微小的涟漪，或者像火星上的沙丘那样形成巨大的波峰和波谷。沙子的物理特性非常神秘，但人们已经开始理解它们的某些基本图形特征了

个方法——建立无限可分、连续的理想化模型——对沙子来说并不是特别有效。沙丘几何学还是一个多相流问题，涉及空气和沙子，前者是真正的流体，后者具有颗粒流体的特点。沙子和空气的分界线是人们需要确定的答案之一，而不是一个已知的前提条件，它还会随着时间的推移而发生变化。这条分界线是决定沙丘形状和位置的一个主要因素，但是在沙尘暴席卷沙漠时，却会变得过于模糊，根本无法看清楚。

这似乎是一个无解的问题。的确，如果你坚持采用直截了当的方式，这个问题将无法解决。但是，正如我之前所说，数学家喜欢笼统地考虑问题。除了沙漠以外，是不是还有一些呈现类似的图形但更便于分析的系统呢？也许海浪能告诉我们横向沙丘的某些秘密吧？也许沙丘能告诉我们斑马的秘密吧？也许有的东西与上述这些大不相同，却能解开世界上所有条纹的秘密吧？

探索这些图形产生的原因，是一个卓有成效的方法。在广袤的沙漠地带，风力条件大致相同，即使发生变化，变化方式也基本一致。当风从沙漠上吹过时，它为什么没有把沙抚平，就像用刀在蛋糕上抹糖霜一样，留下一个平整的表面呢？同样的道理，为什么海洋总是波涛汹涌呢？为什么水会晃荡，在晃荡时还会呈现出明显的图形，而不是杂乱无序呢？我们已经达成了某种统一，确定了一些常见问题，但还没有开始寻找这些问题的答案。具体来说，这些问题包括：既然老虎和斑马的身体都被毛覆盖，而且这些动物身体各处的毛在结构上没有任何不同，那么毛发中的色素为什么会形成具有某些规律的彩色图形呢？斑马为什么不是通体灰色的呢？

蜂窝的数学特征

　　除了条纹以外，生活中的图形还有很多，比如斑点。为什么老虎有条纹，而豹子身上的图案却是斑点呢？也许动物的斑纹大多是它们希望得到的一个结果。不信的话，就看看极乐鸟那身稀奇古怪的羽毛吧。动物或鸟类的基因可以指示自身的细胞形成任何图形。然而奇怪的是，总的来说，它们并没有这样做。它们大多形成了简单的常见图形，即条纹、斑点等形状规整的色块。通常，这些图形会拼凑成各种奇怪的组合，在鸟类和鱼类的身上表现得更加明显。因此它们的基因也许可以将这些图形组合成整体，但决定图形种类的却是其他一些因素。

　　那么，还有哪些图形呢？蜂窝。蜂窝从外观上看明显具有数学特征，一排排完美的六边形组成了一个整齐的二维阵列。蜂窝和雪花都与神奇的数字6有关，这个巧合也没有逃过开普勒的眼睛。蜂窝里的六边形就是一个个小房间，每个房间可以容纳一个蜂蛹，也可以储存蜂蜜。我记得我家曾屡次遭受黄蜂的侵扰。令我吃惊的是，帮我们解决这个难题的人从我家屋顶掏出了一个有些年头的蜂窝。我战战兢兢地打开这个神奇的"折纸工艺品"，发现它的内部是一个个几乎相同的六边形腔室，结构非常优美。但是，腔室之间的拼接方式不是很规则，这说明黄蜂没有制订总体规划，就同时开始建造多个腔室，而且各个部分的拼接工作做得也不太细致。

　　普通蜜蜂一般沿垂直方向建造蜂窝，六边形巢穴是水平朝向的，而黄蜂则沿着水平方向建造蜂窝，六边形巢穴是垂直朝向的。它们怎么会这么聪明呢？它们都是群居昆虫，从某种意义上讲，集体行蜂窝状花纹没有条纹那么普遍，但在自然界中也十分常见。它们的基本数学结构比条纹更加明显，因为蜂窝是由六边形构成的，六边形是几何学研究的内容之一。蜂窝还体现了图形形成的一个重要特征：同一个基本单元被反复应用。蜂窝是将近似圆形的图形紧密结合在一起的一种有效方法，大自然在很多时候都要借用这个方法，因此六边形和与之相关的蜂窝在物理学和生物学的图形形成中都扮演着重要角色

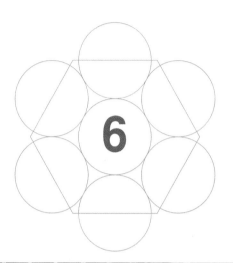

动的能力远超个体。因此，我觉得它们其实没有那么聪明，而是在某些因素的帮助下，它们具备了某种优势。之所以有的图形比较容易产生，是因为从本质上讲，宇宙万物都遵循一些简单的规则。

正因为如此，建造出蜂窝结构的生物也不仅限于蜜蜂，领地性很强的鱼拥有同样的本领。从这些鱼的身上，我们可以更清楚地看出蜂窝状结构受到青睐的原因。休伦湖中的一种小型鱼就是一个典型案例。这种鱼具有强烈的领地本能，通常会为自己雕琢出宽约12英寸[①]的鱼形领地，之后就驻守在自己的领地中央，随时驱逐一切入侵者。这种鱼数量非常多，它们的领地紧密地聚集在一起。巧合的是，这些领地也构成了蜂窝状。乍一看，就像一项惊人的工程。但这里有一个诀窍，即"密堆积"。如果把大量形状相同的圆形物体（例如硬币）放到桌子上，然后摇晃桌子，让这些物体尽量挤成一团，你就会发现这些物体排成了蜂窝状结构。实际上，这些蜂窝状结构不是绝对规整的，那些鱼的领地和蜜蜂的蜂窝同样不太规整。大约100年前，数学家证明了蜂窝是在平面上紧密排列圆形的最有效方法，主要原因是6个圆正好可以包围一个同样大小的圆，蜂窝正是重复采用了这种结构。

无论如何，这一切都告诉我们一个事实：遵循简单的局部规则，就可以构建规整的大型图形。这说明大自然的图形宝典是有逻辑可循的。开普勒早就意识到了这一点——他在研究雪花的那本书中介绍的一个重要观察结果就是密堆积的圆具有规整性。鱼把它们的领地排列在一起，蜜蜂则演化出将蜂蛹排列在一起的结构。

那么，雪花是把什么排列在一起了呢？

---

①　1英寸≈2.54厘米。——编者注

晶体的结构 ——————————————————————————————————

　　开普勒也考虑过这个问题。他知道雪是由水蒸气凝结而成的，但
是他不知道水蒸气的凝结过程是否有固定的图形。"假定水蒸气变冷
后会立刻凝结成固定大小的小球体……再假定水蒸气凝结的小球在相
互连接时遵循特定的图形……"，这些假设导致开普勒错误地认为雪
花是三维结构，而忽略了雪花其实是一个平面结构，因此他的研究找
错了方向。然而，开普勒很快就回到平面几何学，并在改正错误后取
得了成果："由于物质的基本特性，六角形脱颖而出，这种形状不仅
可以保证不留空隙，还有利于水蒸气更加平稳地聚集并形成雪花。"

　　开普勒在最后一段文字中，将雪花规整的几何结构与晶体联系在
一起。"因此，大自然的塑形能力可能会随液体的不同而不同。在硫
酸盐中，菱形立方体十分常见，而硝石的形状却别具一格。因此，还
是让化学家告诉我们雪花中是否有盐以及盐的种类，再告诉我们如果
不含盐，雪花应该是什么形状吧！"一开始时，开普勒希望揭开雪花

晶体特别有趣——结构匀称，但不是特别规
整；色彩艳丽；有时呈奇怪的复杂形状（下
页左下图），有时几个晶体挤在一起。此外，
晶体反射光线的能力十分奇妙（下页右下
图）。科学家们在忽略了晶体的组成成分之
后，把注意力集中到这些成分（不论它们到
底是什么）的排列方式上，并由此开始了解
晶体的特性

的奥秘，但后来他拓展了自己的视野，开始考虑晶体的结构。今天，我们的研究也必须遵循同样的路径。

晶体结构似乎呈现为规则的数学图形，例如，普通食盐的晶体是一个立方体。但是，晶体具有数学特征的说法一度引起了争议。人们关心的不是晶体形态结构方面的规律性，而是这些规律的真实性。"晶体学家"这个词现在与"占星家"或"UFO（不明飞行物）专家"具有相似的含义。法国博物学家布丰伯爵在18世纪早期说过："晶体学家的所有研究都只是为了证明一个问题：他们猜测的一致性其实全是多样性。"

当时，人们认为这种怀疑是有道理的。在自然界中发现的晶体通

常不像实验室晶体那么规整。直到18世纪后期，德国地质学家亚伯拉罕·维尔纳建立了一种矿物分类系统，叫地物学（oryctognosy），简要介绍了如何通过观察矿物的颜色、硬度、密度等来判断矿物的类别，并把晶体学研究带上了快速发展的道路。一旦矿物学家可以确定两种明显不同的矿物标本实际上是（或者不是）同一种矿物，寻找规律就不再是一项不可能完成的任务了。人们很快就发现，晶体的各个平面之间的夹角明显具有规律性。任何一种矿物的晶体，不论其破损或不规则程度如何，都会形成几个特定度数的夹角。不仅如此，同样的夹角也经常出现在其他矿物质中。科学家可以测量角度，获取具体数字，然后寻找形成这些图形的潜在原因。雪花的图形与角度密切相关：雪花上到处是60度和120度的角。为什么呢？

　　寻找图形的数学家甚至还没来得及确认这个新领域是否存在，就迫不及待地开始了探索工作。不久之后，英国科学家罗伯特·胡克也走上了开普勒开辟的这条道路。1665年，胡克出版了《显微制图》（*Micrographia*）一书，以图示的方式证明了可以利用密堆积的圆和球体来模拟晶体的结构。大约100年之后，身为牧师和业余矿物学家的勒内·茹斯特·阿羽依发现，方解石晶体破裂后会分解成倾斜的小方块，因此他建议用这种普通形状的碎片代替开普勒和胡克的球体。晶体学家努力探索晶体基本组成成分的性质，但这些物质实在太小了，因此他们的研究陷入了困境。

　　就在这时，数学家站了出来。他们决定不去考虑这些基本组成成分到底是什么，而只考虑它们的排列。结果发现，这些基本部分排列成规整的晶格——相同的组成单位在三个不同方向上不断重复形成的空间图形。举个简单的例子。在用立方体填充空间时，我们会采用这

晶体有规则的几何形状，这说明
它们有规则的原子结构。晶体是
由相同的组成单位在三个空间轴
上不断重复构成的

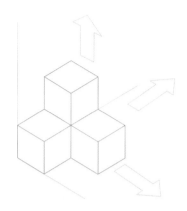

种显而易见的填充方式，三个方向分别是北、东和上。有了这个研究
方法，人们就可以对晶体可能具有的对称性进行分类。在一段相当长
的时间之后，一直困扰晶体学家的那个问题——晶体的基本组成成分
到底是什么，也得到了解决。事实证明，它们就是原子——之前一直
在最强大的显微镜下隐形的物质粒子。这是一个纯粹由数学推动物理
学取得重大突破的重要案例。

螺旋涡流

由于生成环境的变化，天然晶体常有破损现象，或者形状有瑕
疵，这些不规则的结构让古人困惑不解。而实验室晶体通常像一个表
面平整的多面几何体。总的来说，这些图形的边角都过于锋利，因此
不大可能出现在生物体身上。事实上，生物体身上最常见的一种图
形——螺旋，是建立在曲线的基础上的。

　　"螺旋"这个词至少有两种含义：既可以指一种不断旋转，同时逐渐向外延伸的平面曲线，也可以指像螺旋楼梯那样不断扭转的空间曲线。这两种结构在大自然中都能找到，有时两者还会结合在一起。贝壳就是一个最明显的例子。

　　螺旋状贝壳通常出现在古老的化石记录中，化石中最为常见的就是这种形状。众所周知，品种繁多的菊石都呈平面螺旋形。小时候，我经常到海滩上寻找菊石化石。在大多数情况下，我都能在岩石中发现一些盘绕成一团的小菊石化石。由于海浪的冲刷，这些化石裸露在岩石的外面。本地的博物馆收藏有巨型菊石化石，有的尺寸甚至超过1码[①]，我当然从未找到这么大的标本。

　　有的菊石化石的形状接近于数学家所说的阿基米德螺线——间距匀速增加的连续螺旋。然而，大多数菊石化石都会形成一个对数螺线——间距以固定倍数不断增加的连续螺旋。鹦鹉螺是最著名的拥有这种螺旋形结构的现代贝类生物，它们的身体被分成连续的腔室，外形的规整程度令人吃惊。鹦鹉螺为人类了解这类贝壳的螺旋结构，特别是对数螺线，提供了线索。

　　贝壳是软体动物自我保护的一种手段。原有外壳边缘的分泌物为新生外壳提供了材料。当这些生物随着年龄增长，现有的"房子"无法容纳它们的身体时，它们就会扩建。生物的生长速度会影响相邻螺纹圈的间距。在极端情况下，如果生物体的实际生长速度并不快，而扩建工作又没有停止——也许是为了消耗分泌出来的矿物质，但这仅是我的一个猜测——就会形成阿基米德螺线。反之，如果生物体以指

①　1码≈0.9米。——译者注

数速度生长，即体型在一定的时间内加倍，就会形成对数螺线。因此，菊石化石和鹦鹉螺的平面螺旋可能是由生物体在身体外围建造外壳这种简单的生长图形产生的结果。

　　陆地上的蜗牛也会建造类似的外壳。有的蜗牛外壳沿顺时针方向旋转，有的沿逆时针方向旋转，甚至还有的两个方向都有（这种奇怪的现象只是个例，并非普遍现象）。1930年，几名生物学家利用100万只蜗牛进行了繁殖实验，最终发现是一种遗传信息决定了蜗牛外壳螺纹的方向，但这些信息不在蜗牛的基因里，而在蜗牛母体的基因里。令人惊讶的是，这种基因可以决定蜗牛下一代（而不是蜗牛自己）的外壳螺纹的旋转方式。在这种基因的作用下，早在蜗牛的胚胎发育到8个细胞的阶段时，外壳螺纹就已经明确显示出特定的手性（handedness）了。

　　说到这里，又出现了一个新问题。蜗牛壳，甚至还有很多贝壳，经常会形成三维螺旋。当然，贝壳的形状肯定是三维的，我是指螺旋

海生软体动物鹦鹉螺的外壳是由一个个弯曲的腔室构成的。它们不断盘旋，尺寸逐渐变大，最终形成一条完美的对数螺线。这种数学图形为我们了解鹦鹉螺的生长方式和外壳的形成方式提供了线索

的"芯线"，即各个腔室中心的连线不再保持在一个平面上，而是以盘旋的方式存在于三维空间中。我们还可以找到这样的贝壳化石。锥螺是一种圆锥形的腹足动物，从始新世开始至今有超过5 000万年的历史，但现在仍然可以找到这样的贝壳，而且里面有活的微生物。锥螺看上去就像一个阶梯从上到下逐渐变大的螺旋形楼梯。简单的生长规律决定了贝壳形状的形成。在原有腔室的末端增加一个新腔室时，不仅腔室的大小发生了规律性的变化，新腔室还与原来腔室所在的平面形成了一定的角度。

斐波那契的鲜花 ─────────────────

植物界盛行的图形总是非常典型。许多花的中央部分是种穗，周围是大致相同的花瓣围成的一个对称圆环。但也有例外，比如有些花是左右对称的，其中最引人注目的是兰花。对称是图形研究中一个重要的数学概念，在我们探索雪花形状的过程中也发挥着关键作用。自然界中的一些显著的数字图形在植物的生命中也有所体现。这些图形都是经验法则，而不是终极真理，但事实证明，它们体现了植物生长的惊人力量。

斐波那契，原名比萨的列奥纳多，出生于1170年，是一名海关官员的儿子。后来，年轻的斐波那契子承父业，也进入了海关工作，并在那里接触到阿拉伯人和印度人发明的新式记数系统，这也是现在通用的用0、1、2、3、4、5、6、7、8、9表示的十进制的前身。受到这套系统的启发，斐波那契写了一本关于计算的书，即《计算之书》

（*Liber Abbacci*）。（当时，"abacus" 指 的 是 在 现代算术中仍然使用的珠算 工 具，而 "abbacus" 指的是计算过程。）自 1202 年面世之后，这本书就将印度阿拉伯数字率先引入了欧洲。

植物经常有一些隐藏的规律。只要你善于寻找，就会发现这些规律通常藏在你意想不到的地方。螺旋的图形值得关注，因为它们与一些特别的数字（即斐波那契数）有密切的关系。你可以从冷杉球果等多种植物身上看到这种图形

　　全书用了大概一半的篇幅讨论与外汇兑换有关的计算，但在一些较为乏味的例子中，有一个问题引发了大量的数学研究。从表面上看，这是一道与兔子有关的问题。一开始时有一对未成年的兔子（一公一母）。一季之后，这两只兔子成年了。此时自然法则开始发挥作用，两只兔子生下了一对小兔子。随后，每过一季，每对成年兔子都会生下一对小兔子，而上一季的所有小兔子此时也长成了成年兔子，每对生下一对小兔子。假定所有兔子都不会死亡，兔子的数量将如何增长呢？稍加思考就能看出其中的规律。兔子的对数为：1, 1, 2, 3, 5, 8, 13, 21, 34, 55, 89, 144…。除了前两个数字以外，数列中的每个数字都是其前面两个数字之和。

　　这组数字被称为斐波那契数列。当然，兔子在繁殖时不会遵循斐波那契制定的规则，也不会一直活着。尽管如此，今天我们在研究动物数量时仍然会使用斐波那契的方案，但复杂程度却大大增加了。斐波那契数列已经深入数学的灵魂深处，成为灵感和奇迹的无尽源泉。

　　在植物数字学中，斐波那契数似乎无处不在。百合有 3 个花瓣，

毛茛有5个，飞燕草通常有8个，珍珠菊有13个，紫菀有21个，雏菊和向日葵通常有34个、55个或89个花瓣，有的大型向日葵有144个花瓣。花朵上也可能出现斐波那契数列以外的数字，但这种情况比较少见，而且例外的数字大多是斐波那契数列中数字的两倍（通常是受到植物育种技术的影响，花瓣的数量增加了一倍），或与斐波那契数列相似，比如数列1, 3, 4, 7, 11, 18, 29⋯。这个数列的规律与斐波那契数列相同，但起始段的数字不同。如果你发现花瓣数比某个斐波那契数小1，那么很有可能是因为一个花瓣掉落了。

斐波那契数还会出现在许多植物种子形成的螺旋结构中。冷杉球果就是一个很好的例子。冷杉球果的鳞片通常会排列成两组相互交织的螺旋线，而且每组中的螺旋线数量都与一个斐波那契数对应。因此，在挪威云杉球果上，有5条螺旋线朝着一个方向，有3条螺旋线朝着另一个方向，落叶松在两个方向上的螺旋线数量分别为8条和5条。向日葵的圆盘呈现的规则图形就展现了这些螺旋线。在小型向日

鲜花上也有斐波那契数。由于植物生长具有高度的灵活性，所以这些图形也有一些例外情况，但斐波那契数与螺旋形状十分常见。这说明植物生长遵从简单而微妙的数学规则，这些规则与动态变化、几何结构和算术等有关

葵上面，一组有34条螺旋线，另一组有55条螺旋线，而大型向日葵的螺旋线数量分别是55条和89条，或者89条和144条。

太空深处

　　图形引发的困惑已经超出了地球的边界。现代科学就是在人们注意到天空中的图形之后才诞生的，而了解宇宙的奥秘则是人类在借助数学理解自然的过程中取得的第一个重要成就。古人看到夜空中的光，却不知道这些光到底从何而来，为了解开疑惑，他们提出了各种各样的宇宙起源论。古巴比伦人认为天就是一个坚固的穹隆，笼罩在海洋之上，太阳与其他神灵住在穹隆的上方，每天都会穿过一道门出现在人类面前。古埃及人认为天就像一个平屋顶，星星就是一盏盏灯，挂在绳子上的星星是固定不动的，而"游走的星星"（即行星）则

随着神一起四处走动。这些解释对现代人而言显得离奇古怪，但古人的目的是试图理解运动中蕴藏的那些真实存在又非常重要的图形。

宇宙中的某些图形比行星的运动更加明显。地球是一个（略微扁平的）球体，太阳系里的许多其他天体，包括太阳、月亮、火星和其他行星，也同样如此。最大的小行星，即谷神星、智神星、灶神星和婚神星，也都是球形结构。许多较小的小行星更像一个巨型土豆，但卡斯塔利亚看起来像一块狗骨头。土星周围的岩石和冰形成了另一种数学形状——环。最初，人们认为土星环是一个圆盘，即中间是圆孔的光滑平整的圆盘，与垫圈比较相似。后来，人们发现土星环之间是有空隙的，空隙也呈现圆形。旅行者号探测器到达土星后，发回地球的图像显示土星环的结构异常复杂，无法用语言描述。整个土星环就像老式黑胶唱片上的凹槽，只是密集程度更高。有的环交织在一起，有的有空隙，有的不是规整的圆形。尽管如此，土星环的几何形状还

土星环并不是一个光滑平整的圆盘，它的中间有缝隙，并且结构复杂。除个别例外情况，这些环呈圆对称，例如，间隙各处的宽度都相同

是以圆形为主。土星并不是唯一一个具有这种特点的星体，木星、天王星和海王星也有环，但远没有土星环那么明亮，包含的物质比土星环少得多，而且常常是不完整的弧。

　　太阳是一颗通过核反应产生能量的恒星。与太阳的核反应相比，氢弹简直不值一提。有的恒星发出的光变化不定，通常是明暗相间的周期性变化。太阳光与之不同，但也不是没有变化。太阳发生的是另外一种变化——振荡。与地震时的地球一样，太阳发生星震时就会像被"敲响"的钟那样开始振荡，但我们需要借助非常灵敏的仪器才能观察到太阳的振荡。从观察结果可以看出，太阳振荡呈现出若干种几何图形。此外，太阳上还有太阳黑子造成的斑点。太阳黑子就是巨型磁旋涡，它的产生至消亡构成一个循环，周期大约为11年。开普勒还发现了宇宙中一些更微妙的图形，从而解决了几个与游星有关的古老问题。他得到了16世纪丹麦天文学家第谷·布拉赫多年来收集的详

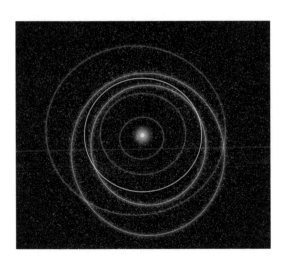

由于引力在各个方向上的效果都相同，所以冰与岩石形成了一个个圆。出于几乎相同的原因，太阳系与我们看到的土星环一样，总体来看也近似圆形

细、准确的行星运动观察数据。但是，开普勒善于发现规律，在得到大量数据后并没有就此止步，而是努力寻找人们尚未发现的规律。在1609年出版的《新天文学》（*New Astronomy*）中，他结合充足的证据，从布拉赫的数据中发现了行星运动遵循的两个规律：行星的轨道呈椭圆形，太阳位于椭圆的一个焦点上；行星与太阳的连线在相等的时间内扫过的面积相等。1619年，他在《宇宙和谐论》（*The Harmony of the World*）中提出了行星运动的第三个规律：公转周期（行星沿轨道运行一周需要的时间）的平方与行星到太阳的距离的立方成正比。与"固定不动"的恒星相比，游走不定的行星一直被人们视为导致天空看起来变幻莫测的一个原因，但开普勒告诉人们行星的运动也呈现出某种图形。从那以后，人们在天空中发现了许多其他图形，有的与时间有关，有的与空间有关，其中最令人吃惊的是巨型旋涡，即星系呈现出的图形。星系也可以是其他形状，但最常见的是有两个旋臂的形状。旋涡星系由数千亿颗恒星组成，就像风车一样不停地低速旋转。我们还没有彻底理解星系；事实上，我们也没有彻底理解从望远镜中看到的很多东西。我们不应对此感到惊讶，毕竟，我们本就对一切知之甚少。科学的胜利不在于获取终极知识，而是让我们对自然和宇宙的理解在原来的基础上更加深入。

第 3 章
宇宙中的图形

在开普勒从纷纭乱象中发掘出行星运动的三大定律之后，艾萨克·牛顿有了一个重大发现，他提出了一个关于引力的统一定律。开普勒的三大定律其实就是关于引力的数学规则，适用于宇宙任意位置上的两个物体。该规则非常简单：两个物体间的距离增加一倍，引力就会变成之前的1/4；距离是之前的三倍时，引力就是之前的1/9，以此类推。质量增加一倍时，引力也会增加一倍；质量是之前的三倍时，引力也会变成之前的三倍。

由于牛顿万有引力定律等重大发现，18世纪的学者开始相信人类居住在一个机械宇宙之中。这个宇宙一旦开始运行，未来的一切就必然遵循不可改变的数学规则。这种被称作决定论的世界观认为，从理论上讲，所有事件都早已注定，尽管在实践中我们不知道这种早已注定的结果到底是什么。

地球上的人类活动似乎不具有天体运动的那种规律性（包括表面和隐藏的规律性）。人类活动几乎不会形成任何规整图形，但是人们对这种不可预见的结果感到很满意。实际上，我们所谓的"规则"，核心因素就是对人类活动的调控。我们把周围世界看作一个没有任何规则可言的世界，然后通过人为制定某种规则，赋予其规律性。这种世界观正好与牛顿的哲学思想背道而驰。

那么，如果说自然界的各种景象都遵循数学规则，是不是在自欺欺人呢？又或者说所有事件都必须遵从某种基本规则，但是人类具有某种特质，可以破坏或隐藏这种规则呢？宇宙万物都必须遵循数学规则吗？又或者说我们只是找到了某些自然界与

天上风光与人间景象。恒星与行星的运动可以用简单的普遍规则（运动定律和万有引力定律）来归纳，人类的运动及其动机则难以通过简单的数学形式表现出来。然而，纵观历史，天上与人间的距离远没有我们想象的那样遥远，因为其中一个领域的新发现经常会带来另一个领域的类似发现

数学类似的特点，然后就想当然地认为它们是自然界的基本特点呢？

就这一点而言，我们对宇宙的所有认识均是通过我们的感官传递给大脑的。大脑接收并处理眼睛传输的信号，然后发出"有老虎"或"有黄蜂"的警告，并敦促我们立即采取合理的躲避行动。这说明图形探测是推动我们感官进化的原因之一。由于我们对图形的探测能力得到了极大的发展，我们甚至会无中生有，以为自己看到了某些根本不存在的图形。比如，夜空里的大熊座和天鹅座其实就是一些随意排列、彼此之间不存在实质性联系的恒星而已。所谓的自然界的数学基础，说不定只是人类想象力的产物。

我认为，这个说法有一定道理，但不完全正确。我们之所以在自然界中观察到某些数学结构，这与人类自身的特点和局限性有很大

的关系。居住在恒星光球层的高智商、等离子体涡旋外星人可能根本就没有数字和三角形的概念，但我认为他们对流体的理解肯定比我们深刻得多。超级发达的猿脑可以理解的简单解释可能无法揭示所有奥秘，但用科学来解释相关问题是一种非常好的选择，因为科学帮助超级发达的猿建造出比空气重但可以飞越千山万水的机器，帮助其登上月球，帮助其破译了猿类基因说明书。

在我看来，与其说现实是人类想象力的产物，还不如说人类思想就是人类对现实的想象。大脑内部进行交互过程的体系形成了思想，而实施这些交互过程的普通物质与其他所有普通物质都遵循相同的规则。即使这些过程遵循的规则比过程本身简单得多，也不会有任何问题——思想的复杂性源自这些交互过程的复杂性。因此，我认为人类

开普勒的行星运动定律告诉我们：1. 行星的轨道呈椭圆形，太阳位于椭圆的一个焦点上；2. 行星与太阳的连线在相等的时间内扫过的面积相等；3. 行星公转周期的平方与行星到太阳的距离的立方成正比

之所以对数学感兴趣，可能是因为周围世界中的图形引发了某种进化响应。人类不会在一个与数学没有任何关系的世界中从事数学研究。

有序和无序

20世纪后半叶的科学发展表明，"图形"是一个非常微妙的概念。由于我们在归纳观察结果中隐藏的结构时不断推出新方法，所以这个概念也在不停地发生变化。例如，电脑在对模糊图像进行强化处理时，利用的就是肉眼无法识别的数学图形（这正是我们看到这些图像比较模糊的原因）。这并不意味着"图形"已没有意义，而是表明人类的眼睛可以在自然界中识别更多图形，但我们必须学习新的观察方式。

"有序"这个术语也类似。有了有序之后，自然就有了表示相反意义的"无序"。直到不久之前，人们还认为这两个术语意义明确，无须进行精确解释。有序与无序的区别就像白天与黑夜一样明显。无序意味着"随机"，随机意味着不存在任何图形。因此，在无序的数据中寻找图形是没有意义的。现在我们发现，在无序的"午夜"和有序的"正午"之间，还有一大片尚未探索的朦胧区域。在有规律的图形和随机的混乱之间，还有大量具有一定的有序性以及随机性的状态。

然而，要接受这个革命性的新观点，就必须先掌握那些更简单、更明显的图形，因为这些图形将为我们开辟一条通往朦胧区域的道路。

我们可以识别的最简单的图形就是数字表现出来的图形。古希腊毕达哥拉斯学派的追随者认为，宇宙的驱动力来自数字，即1、2、3、4、5等整数。他们为每个整数赋予了神秘属性，例如，2代表男性，3代表女性，两者之和5表示婚姻。在证明他们的哲学思想的过程中，毕达哥拉斯学派列举了大量不合逻辑的神秘主义和数字命理学证据，但也有一些证据是通过对自然世界的敏锐观察得到的，例如，数字在悦耳的和声中呈现出来的那些图形。不仅如此，他们还发现数字本身在结构上呈现出某些重要的图形。

他们在统计物体的几何排列方式时发现了一些最简单、最显著的图形。我们可以用1、4、9、16、25等平方数（这个术语沿用至今）表示排列成正方形的物体的个数：

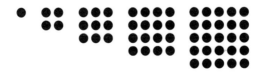

同理，我们可以用1、3、6、10、15、21等三角形数表示排列成三角形的物体（例如，台球开局时，球会被排列成三角形）的个数：

　　如果将两个连续的三角形数相加，就会得到平方数，如：1 + 3 = 4，3 + 6 = 9，6 + 10 = 16，10 + 15 = 25。这是毕达哥拉斯学派的一个典型发现。我们可以通过几何方法，巧妙地解释这个图形。沿对角线将正方形一分为二，就会得到：

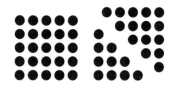

　　毕达哥拉斯学派迈出了数学"证明"这一概念的第一步，他们还发现算术和几何之间是有联系的，尽管这两个领域的原材料有着天壤之别。在正四棱锥中堆积球形炮弹，就会得到这一类别图形中我最喜欢的那一个——这个结果似乎是一个巧合，但数字的所有属性都不是真正意义上的巧合。顶层有1枚炮弹，第二层有4枚，以此类推，每层炮弹的数量都是连续的平方数。因此，炮弹的总数是1, 5, 14, 30…，当堆到第24层时，炮弹的总数就会达到4 900枚。这是一个平方数，如果你愿意，你可以把这4 900枚炮弹放到70 × 70的正方形中。事实证明，24层棱锥是炮弹总数为平方数的唯一解（1层棱锥除外）。很早以前人们就发现了这个事实，但直到20世纪30年代，才有人首次提供了证明方法。我知道这个数字事实并没有特别重大的意义……但它的确很有意思。

有时，宇宙会呈现出简单明了的图形。此时，我们称这是有序状态。有时，天地万物看起来混乱不堪，毫无规律可言，我们称这是无序状态。但是，有序和无序是人类用以区分世界的方法，与人类自身的感知和思想有关。宇宙中的旋涡星系和不规则星系遵循同样的规则，只不过具体情况略有不同

对称性

在上文中，我一直在讲述宇宙中的各种图形，但接下来，我们要对这些图形做统一归纳。在现代数学对图形的研究中，对称是最重要的一项内容，它就像一根金丝线，将我们看到的所有图形都串到了一起。

在日常生活中，人们对"对称"一词的使用不太严谨，它经常被用来形容比例协调的雅致之美。但在数学中，这个词有精确的含义。

如果某个图形是对称图形，就表示该图形以某种方式（反射、旋转、平移、扩大、缩小等）进行变换后可以得到完全相同的图形，每种变换方式均代表该物体具备某种对称性。

两侧对称（也称左右对称）是数学上最简单的对称，具有这种对称性的物体左右两边形状相同，且互为镜像。人体从外表看大致呈两侧对称，尽管左右两边的相似程度并没有我们以为的那么高。乍一看，人脸似乎是对称的，但是认真观察就会发现两条眉毛的形状略有不同，或者左右嘴角的高度稍有差别。以一个人的半边脸为基础合成一张假脸与这个人的真脸有很大区别，通常一眼就能看出其中的不同，而且两个半边脸分别合成的两张假脸也互不相同。

两侧对称是动物界遵循的一个准则（同样指外部身体，内部情况可能有所不同）。蝴蝶具有对称性，翅膀互成镜像。狗、猫、牛、山羊、绵羊、马、大象、骆驼、刺猬、鸽子、天鹅、燕子、蜥蜴、青蛙、甲虫、飞蛾、蜘蛛、龙虾、腔棘鱼、蝠鲼、鲨鱼等，都大致呈两侧对称。化石记录显示，两侧对称已经存在很长时间了，在大约5.6亿~5.8亿年前，埃迪卡拉纪的斯普里格蠕虫就具有这种对称性了。

然而，对称并不仅指两侧对称。最常见的海星有5条腕，它们形状相似、间距相等，构成了一颗五角星。海星的这种对称性是旋转对称。海星旋转到某个位置后，其形态会跟旋转之前重合，这样的位置

共有5个。鲜花通常具有旋转对称性，雪花亦如此。

　　海星还具有两侧对称性。想象有一条线从海星的一条腕的中间穿过，将另外4条腕分成两两相连的两组，则这条线左边的形状和右边的形状是一样的。事实上，我们一共可以画出5条这样的线，因为每条腕都可以画出一条。同样，花朵和雪花大多也具有这样的特点。

　　为什么有这么多的生物都具有明显的对称性，尤其是两侧对称呢？是生物的生长方式作用的结果吗？在胚胎（比如青蛙、蝾螈或人类的胚胎）的发育过程中，其对称性会经历几次变化。但从很早的阶段开始，胚胎就会明显表现出两侧对称性，而且从此以后，除了体内

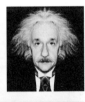

海星可以形成 5 次两侧对称，而阿尔伯特·爱因斯坦的脸只能形成一次两侧对称。由于爱因斯坦的脸形成的对称有瑕疵，所以左右两边脸复制合成的两张假脸会互不相同

器官位置等细节略有不同之外，两侧对称性将一直保持下去。两侧对称性也许就是生长过程作用的结果。毕竟，如果动物的左侧身体按照一定的规则生长，那么右侧身体也会遵循同样的规则，所以身体左右两侧应该长成相似的样子。然而，幼小生物在成长过程中要一直保持对称性，难度可能非常大，因为随着生物的发育，左右对称的微小偏差很容易被放大（有时的确如此）。海星在发育过程中也会改变其对称性。开始时，它的体形呈两侧对称，然后半边身体会先长成五方对称。接着，另一半身体在发育过程中被消耗掉或者舍弃，只剩下五方对称的那部分身体继续发育并长大。但是，解密生物对称性的工作仍然任重道远。

自相似性

　　人们从自然界图形中总结出来的一般概念并不只有对称性。除此以外，人们还发现了其他一些不太明显的规律。

　　我的一个朋友有一张让他引以为傲的照片，是他在挪威峡湾度假时拍摄的。照片上的他站在一艘小船上，一只胳膊漫不经心地撑在一块岩石上——从画面上看，那艘小船就停泊在水边。实际上，岩石的高度是 1 650 英尺①，是峡湾正面的一处陡峭的悬崖。朋友的位置比较靠前，而岩石的边缘与他相距超过半英里。尽管如此，这幅照片却可以让人产生强烈的错觉。效果之所以如此明显，是因为岩石中隐藏着

---

① 　1英尺 ≈ 0.305米。——编者注

蕨类植物的一片叶子与整株植物的形状十分相似，前者是后者的微缩版，而且每片叶子上还有更小的叶片。对蕨类植物而言，当尺寸足够小时，这种"自相似性"就会停止，但对理想化的数学模型而言，这种相似性可以一直持续下去

数学家不久前才发现并开始研究的一种图形。

　　这是一个看似简单的图形——近距离观察小块岩石与从远处观察大块岩石可以产生相近的效果。只观察一块岩石，是无法发现这种图形的，因为这是大多数岩石在多种观察角度下表现出来的共同特征，人们称之为自相似性。事实上，就岩石而言，人眼能看到的其实就是统计自相似性。小块岩石和大块岩石有同样的随机结构，云、山脉、海岸线和月球上的陨石坑也具有统计自相似性。这个属性非常重要，有助于我们了解这些图形的形成过程。即使空间尺度各不相同，图形的构成方式肯定也是一样的。

　　有些物体呈现出更有规律的自相似性，某个部分是整个物体的微缩版。在自然界中，这种自相似性不可能达到完美的程度。尺寸较小的部分可能与整个物体非常相似，但在细节上却有些许不同。蕨类植物也许是最恰当的例子。蕨类植物的茎位于中间位置，两侧分别有一排叶片。位于根部或靠近根部的叶片最大，越接近茎的顶端，叶片就越小，因此整个植株呈柔和的三角形。每个叶片也具有这种特点。叶片的中间部分是茎，两侧各有一排小叶片。位于根部或靠近根部的小叶片最大，越靠近茎的顶端，这些小叶片就越小。许多蕨类植物的小叶片和叶片及植株本身具有同样的结构，但细节处往往非常粗略，就好像大自然嫌麻烦，不愿创造出如此复杂的结构。不过，在有的蕨类植物身上，我们甚至可以找到第四层级的叶片状结构。

数学家会构建出干净整洁的理想模型，从大自然不太有规律的结构中捕捉各种图形。例如，经过数学和天文学的理想化处理，表面有陨石坑和山脉、两极扁平的月球就变成了一个数学球体。数学球体的表面绝对光滑，没有一点儿瑕疵，上面的每一点与球心的距离都完全相同。即使你的测量结果可以精确到小数点后1万亿位数，球面上所有点与球心的距离仍然相同。自然界中没有任何事物可以达到如此高的精确度，但在数学家假设所有距离都相等之后，研究难度大幅降低。

基于这个理念，数学家对大自然的近似的自相似性进行了理想化处理，视其为严格意义上的自相似性。如果一个数学形状可以通过自身的几个较小尺寸的复制品拼接而成，细节处也毫无瑕疵，它就是一个自相似形状。因此，在数学研究中，蕨类植物的自相似性可以一直持续下去，所有层级小叶片的形状都与整个植株完全相同，唯一的区别就是尺寸小得多。我们还可以用类似的方法对统计自相似性进行理想化处理，统计自相似性是指各个特征在较小副本中的统计分布与在整体中的统计分布完全相同。

具体来说，在数学家眼中，蕨类植物的精细结构比原子小得多，甚至比普朗克长度（物理宇宙中有意义的最小长度大约是 10^{-35} 米）还

数学家通过理想化的方法，把月球
看作一个球体，尽管月球表面有陨
石坑等凹凸不平的现象

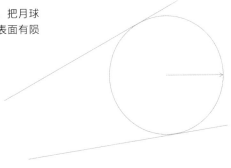

要小。但没有关系，数学家的理想化处理方法只是对自然界的近似规律加以整理，并将其推向一个极端，一个有意义且有助于研究的极端。理想化可以捕捉现实的重要特性，比起不完美的现实，理想情况处理起来要容易得多。

动态图形

到目前为止，我提到的图形大多是固定的静态图形。虽然有的图形在较长的时间里会发生变化，但如果只观察几分钟，它们会给你一种静止不变的感觉。植物和动物在生长发育，沙漠中的沙丘在向前行进，新墨西哥州白沙国家保护区的石膏沙每年都会延伸几码的距离。在有风的天气，你可以看到沙子在动：沙尘在风的裹挟下四处飞扬，而在沙丘的背风处，陡峭的坡面上偶尔会有一小片沙子崩塌、滑落。

有的图形的动态特点更明显。只需观察其随时间发生的变化，就可以找出这些图形。例如，地球上的人口正在不断增多，全球变暖引起气候变化，或者鱼突然摆动尾巴，在池塘的泥浆中搅起一个气泡。任何随时间流逝而发生变化的系统都可以被称为动态系统，所发生的变化就是系统的动态特征。

古人曾在夜空中发现了若干动态图形。每天晚上，北半球的恒星似乎都以每小时15度的速度绕着北极星旋转。（南半球的恒星也在旋转，但旋转轴附近没有明亮的恒星。）月亮的形状似乎每个月都会发生周期性变化，先从新月慢慢地变成满月，再逐渐变回一个细细的月牙，如此循环往复。当然，发生变化的其实是月亮的表观形状，月亮的真正形状并没有改变。通过观察月相，古巴比伦人和古希腊人发现月亮是一个球体，它洒到地球上的光其实是它反射的太阳光。

地面上也有动态图形，例如，动物运动的图形，包括骆驼四平八稳的步伐，马的快步行走，大象的慢步，犀牛擅长的急速奔跑；天气的图形，包括空气和云团通过旋转形成的巨大的螺旋形反气旋。在热带地区的热量和湿气作用下，空气中有时会形成旋涡，并不断扩大规模，最后变成咆哮的飓风，最大风速可达每小时125英里，所到之处，一片狼藉。但总的来说，古人对地面上这些图形的了解并不多。对他们来说，风暴是神任性放纵、喜怒无常之举。今天，我们知道天气之

月球的位相与奔驰的骏马都会呈现出某种周期性变化的图形。这两个图形与时间有关，与空间无关

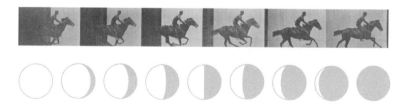

神受数学规则的约束，但即使借助强大的计算机，我们也无法预知这些规则的所有结果，因此我们仍然无法准确预测几天后的天气。

　　所有这些都说明动态系统的真正图形存在于系统规则之中。我们在这些规则产生的结果中观察到的图形，可以用来揭示这些规则的本质。阳光、云、雨、冰雹、雪等，都可以用数学公式表示的规则解释。大自然的法则简约雅致，其产生的结果同样如此，比如，落入水坑的雨滴，微风乍起时轻轻颤抖的山杨，被夕阳染成橙红色的层状云，越堆越高的积雪，还有雪花。

　　但是，这些规则产生的其他结果却没有呈现出一目了然的图形或结构特点，例如，阵雨，狂风肆虐后的玉米地，咆哮的暴风雪，波涛

在自然界的各种图形中，运动和变化的图形最引人注意。近距离观察时，飓风显得狂暴无比，毫无规律可言；但从全球视角看，它就是空气和水分形成的一个别致的旋涡，在海洋上方从容不迫地打着旋儿

汹涌的大海。但是，它们的基本规则与雪堆或雨滴一样美丽，因为它们遵循的都是同样的规则。

正是这种矛盾激发了牛顿和后人的兴趣。大自然的运转涉及多个层面，在一个层面上似乎无法理解的事情，在另一个层面上可能变得显而易见（或者可以理解）。还有一些图形可以在一个层面（事物层面）上给出简洁明了的描述，但如果用在更深层面（过程层面）上运行的规则来解释，就可以取得更好的效果。科学就是这样发展的。科学始于人类对世界的感知，但它通过"自然法则"（表达我们所在世界中特定规律的数学规则）不断寻找更深层次的解释。

要理解雪花的形状，我们必须先理解雪花的产生过程及其规则。

第二部分 图形中的数学世界

第4章
一维世界的图形

　　为了便于理解，我们可以建立一个图形目录。要让目录具有使用价值，就必须先确定目录的组织原则。邮购目录将商品分为珠宝、厨具、光盘、玩具等大类。我们也照方抓药，但划分的类别与邮购商品不同，具体来说，我们将按照维度、对称性和连续性等对图形进行分类。

　　大致来说，数学空间的维数是指确定位置时所需参数的个数。地球的表面是二维的。只要知道经度和纬度，你就可以确定自己的位置。如果你离开地球表面，你就需要知道第三个数字，即高度，才能确定自己的位置，所以空间是三维的。欧几里得几何学的研究对象大多数都在平面上。平面是二维的，平面上的所有点都可以用两个数字表示，即该点在东西方向和南北方向上的位置。线是一维的，我们通常用一条东西方向的数轴来表示它。点就更简单了，它本身是零维度的，你不需要任何数字来说明你在哪里，因为你只能在一个地方。零维的点太简单了，因此没有多少研究价值，但一维空间比你想象的要复杂得多。

　　我们以雪地上的一行脚印为例。留下这串脚印的人在雪地里行走时，节奏一直保持得很好，也就是说这是一片平地，没有雪堆，这个人按照最简单的默认运动方式，心不在焉地行走，两只脚几乎无意识地朝前移动，脚印就会呈现出规整的图形，留下两行间隔相等的平行轨迹。一行脚印全部是左脚留下的，彼此之间的间隔基本相等；另一行脚印全部是右脚留下的。左脚的脚印不会与右脚的脚印齐头并进，而是正好落在右脚脚印的间隙中。同样，右脚脚印也会落在左脚脚印的间隙中。

诚然，雪地上的脚印严格来说不是一维的，因为脚印有两行，而且脚不仅有长度，还有宽度。尽管如此，脚印最重要的特征，即左右脚脚印的次序，却是线性的，所有重要动作都与运动方向一致。因此，根据需要，在这里我将忽略这些细枝末节，把脚印看作一维图形。

事实上，脚印属于装饰带这一大类。装饰带是指一个或多个形状沿着一条线以相同间隔重复出现所形成的图案。为了增强图案的趣味性，可以使用二维的形状，但这些

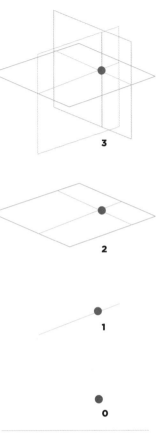

空间的维数就是空间内相互独立的方向数。我们所在的空间有三个维度，因为我们可以画出三条相互垂直的直线。平面有两个维度，线条只有一个维度。单个点构成的空间没有任何方向，因此是零维空间。传统的物理空间最多只有三个维度，但在数学上，定义、处理四维甚至更多维的空间并不是一件困难的事

形状必须排成一条线（至少近似排成一条线）。按照这些条件，我们可以对脚印进行理想化处理，使之变成 ⎣⎡⎣⎡⎣⎡⎣⎡ 这样的装饰带，其中 ⎣ 代表"左脚"，而 ⎡ 代表"右脚"。如果这个人走路时两只脚交替迈步，就会留下这样的脚印。即使这个人的走路方式与众不同，经过理想化处理后，他的脚印也会表现出对称性。对称是一种图形的重复，我们可以从本例中找出两种不同的对称。如果把这个带状图案向前平移两步，看上去没有任何不同，这是第一种对称。第二种对称则是利用平移反射——向前平移一步，然后进行左右反射，从中可以看出左右脚印的先后顺序。然而，如果不平移就进行左右反射操作，得到的图案就会与原有图案不相同。

装饰带的对称性包括平移、平移反射、普通反射（无平移）和旋转（整个图案在平面上旋转180度）及其组合。反射对称包括左右反射和前后反射两种不同的形式。装饰带具备的一系列对称性是区分装饰带的最重要因素，其他方面的区别，诸如装饰带采用的实际图案，可能会产生不同的艺术效果，但对基本图形没有任何影响。

装饰带运动图形

大自然经常会在你意想不到的地方充分利用装饰带图形。蜈蚣就是一种移动的装饰带，蜈蚣有2 800个不同的品种，这种生物的身体是由体节构成的，体节数从14到177不等，每个体节都有两条步足。"数学家的蜈蚣"无限长，没有头，也没有尾巴，身体由无数个相同的体节构成，每个体节上都有两条腿。这并不意味着数学家的生物学知识与现实相去甚远，只不过他们更倾向于将问题理想化，以突出某些特定的特征。当蜈蚣移动的时候，它的腿会按照装饰带图形运动。因此，蜈蚣的运动结合了动态变化和对称性原理，为我们研究运动图形提供了一个非常理想的案例。

　　在现实世界中，蜈蚣在运动时身体会左右轻摆，运动速度快的时候摆动幅度也更大。本着理想化的精神，我们可以把蜈蚣身体的摆动视为装饰带运动图形的一个"装饰性内容"，这对蜈蚣运动的力学原理而言具有重要意义，但对运动的基本图形而言不过是一个次要问题。当我们用开普勒发掘图形的视角观察运动的蜈蚣时，最能吸引我们注意的特征是什么呢？我们先观察蜈蚣身体左侧的那排步足。蜈蚣运动时，它的每条腿都会向前伸，然后像划船的桨那样向后收。与桨的作用一样，脚向后收就会让身体向前运动。划船时，所有的桨都同步运动，但大自然为蜈蚣选择了另一种图形。这种图形无须它的所有腿同时用力，而只需消耗比较少的力气，就可以完成更平稳的运动。蜈蚣按照身体的前后顺序，依次移动每一条腿，从而在身体一侧形成运动波。波浪从身体后部开始，逐步向前推进。速度较慢时，蜈蚣的整个身体会形成两到三个波；速度较快时，形成的波就比较少，通常是一个半波，循环往复地出现在蜈蚣身体左侧。

　　与此同时，蜈蚣的右侧身体也没有闲着。（否则，蜈蚣就会原地打转。）右侧身体同样会形成波浪状。但是，左右两侧身体并非同步运动。当左腿完全伸直并朝向前方时，对应的右腿则向身体后方伸直，反之亦然。每一个体节都与人的行走方式相同，左右脚交替前进。总体看来，蜈蚣的装饰带运动图形为∟⎾∟⎾∟⎾∟⎾，但此时∟和⎾代表的都是波。

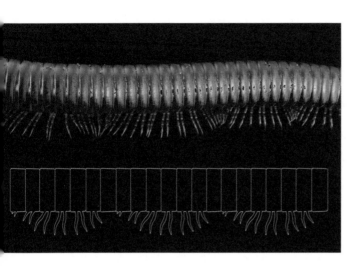

在各条步足形成的行波的帮助下，千足虫可以平稳地前进，呈现出一种在时间和空间上不断重复的运动图形

千足虫也是一种多足类动物，通常有22~200条腿。全世界大约有10 000种千足虫。千足虫的运动方式与蜈蚣相似，但它左右脚的动作是同步的，所以千足虫的装饰带运动图形为CCCCCCCCC。千足虫与蜈蚣的运动图形之所以有区别，原因之一就是千足虫的运动速度通常比蜈蚣慢。

毛毛虫也有很多腿，虽然准确地说毛毛虫并非多足动物，而是蝴蝶和蛾的幼虫。毛毛虫有13个体节，但有的体节没有长腿。毛毛虫的运动也呈现装饰带图形，通常与千足虫左右对称的方式相似。有时，它们的运动看似更加奇怪，但总体上呈现出与千足虫类似的图形。而且，尺蠖的身体前部有4条腿，后部有6条腿，中间留有很大的空隙。正因为它的身体中间部位没有长腿，所以后面的6条腿需要承担更多的任务。当重复的运动波在尺蠖后置式"发动机"的驱动下向前推进时，它的尾部就会向头部靠拢，身体拱成一个倒U形。尾部向头

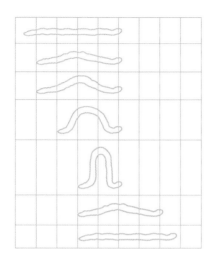

与千足虫不同，尺蠖是通过驻波的形式向前运动的。尺蠖先将身体前端固定好，然后拖动身体后部，使整个身体弯曲呈倒 U 形。接下来，尺蠖将身体后端牢牢固定，松开身体前端，使倒 U 形身体再次伸直。此时，尺蠖的身体形态已恢复如初，全身伸展，但前进了大约半个身位

部靠拢后，后面的腿固定住，前面的腿松开，身体猛地伸直，头部就从原来的位置向前移动了一段距离。之后，尺蠖会不断重复上述运动过程。

扭动的身体图形

　　蛇、蠕虫、鳗鱼和七鳃鳗也可以通过类似的方式伸展身体，因此数学家未能抵制住诱惑，他们通过理想化处理，把这些动物变成了一种简单的线性结构，尽管这一次的理想化不涉及腿。

　　有时，这种理想化的目的就是让本来枯燥乏味的情境变得生动有趣，以激发人们的兴趣。"虫妈妈的毯子"这个著名的问题（目前还没有得到解决）就是一个很好的例子。虫宝宝睡觉时通常会随意地蜷缩

起来，每晚的睡姿都不一样。勤俭持家的虫妈妈一心想把家庭开支控制在预算范围内，因此它希望准备一床最小（面积最小）的毯子，但要保证无论虫宝宝采用什么睡姿，这床毯子都能盖住它的全身。如果换成简单朴素的表达方式，问题就是：能覆盖所有单位长度曲线且面积最小的形状是什么？没有人能回答这个问题。但不管答案是什么，这个问题换成虫妈妈和虫宝宝这种形式后，就变得有趣得多。

有时，数学家把蠕虫看成是线性结构，以满足一个更严肃的需要。虽然蠕虫没有腿，但它们的运动图形与千足虫非常相似。蠕虫的身体有两种肌肉，它们都位于蠕虫的皮肤和内部器官之间。一种肌肉是环形结构，由环绕身体的环形肌肉组成。另一种是纵向肌肉。当蠕虫运动时，它全身的环形肌肉就会因为收缩而产生从前向后的波。当波涉及大约半个身长时，蠕虫的纵向肌肉就开始收缩。就像千足虫的步足和划动的桨一样，这些肌肉活动形成的波可以推动蠕虫钻入土壤。蠕虫在土壤中钻洞时，纵向肌肉收缩，身体变粗，可以牢牢地附着在洞壁上。接着，环形肌肉的收缩使蠕虫的身体变长，不再附着在隧道壁上，同时向身体的自由端施加一个向前的推力。与千足虫一样，蠕虫身体左右两侧的波动是同步的（事实上，它身体四周的运动都是同步的）。

蛇运动时同样需要按次序激活它的主要肌肉群，但蛇的运动图形更接近于蜈蚣，因为它身体两侧的动作也不同步。蛇身体左侧的某个肌肉群收缩时，右侧与之相对的肌肉群就会放松；而左侧肌肉群放松时，对应的右侧肌肉群就会收缩。同蜈蚣一样，蛇在运动时通常也会左右摆动，这种运动方式被称作蛇行。蛇身体的各个部位总是同时运动，同时停止。而且，无论蛇头经过哪里，身体的其余部位也一定会经过那里。

如果蛇被限制在狭窄的通道内，它就会采取另一种运动方式，即伸缩运动。此时，蛇会放松身体的某些部位，而其余部位则变得蜿蜒曲折，让身体支撑在隧道壁上。随后，蛇会改变与隧道壁的接触点，以类似蠕虫的运动方式，在无法施展正常蛇行运动的狭小空间里努力前进。

鳗鱼的运动方式和蛇非常相似，但鳗鱼生活在水中而不是陆地上。七鳃鳗的情况也如此。严格地讲，七鳃鳗不是鳗鱼，但两者形似。许多生物的运动都呈现出装饰带图形，但乍一看，它们的运动方式各不相同。它们具有内在的统一性，因为它们都呈现出相同的运动图形，尽管其中某些动物没有腿。所有这些生物的运动都需要依靠肌肉完成波浪形的收缩和放松动作。因此我

蚯蚓在钻洞时，身体的所有肌肉都需要交替完成重复性收缩运动。纵向肌肉收缩时，蚯蚓身体长度变短；环形肌肉收缩时，身体长度变长。肌肉收缩时还会排开泥土，以得到前进所需的空间

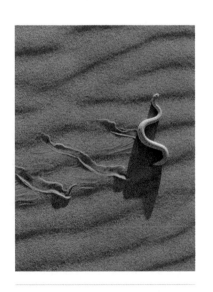

蛇还可以利用有节奏的肌肉收缩向前爬行。角响尾蛇的前进方式与众不同，从沙漠爬过时，会留下不连续的痕迹

认为，要了解动物运动的图形（我们希望以此为原型研究所有动态图形，包括难以捉摸的雪花的形成过程），仅仅观察它们的腿部运动是不够的。原因很简单，蠕虫没有腿，但它们显然呈现出与千足虫相同的运动图形。腿之所以能动，是因为肌肉提供了动力。蠕虫虽然没长腿，但有肌肉，所以照样可以运动。然而，为什么肌肉可以运动呢？肌肉又是如何运动的呢？更重要的是，肌肉运动的时间是如何控制的呢？我们将在下文中继续讨论这些问题。

无所不在的周期

一次，有人问曾在1957—1963年担任英国首相的哈罗德·麦克米伦，他为什么能在夜间保持清醒的头脑。他回答说："事件，亲爱的伙计，关注事件。"

事件是宇宙在这一时刻与下一时刻之间发生的变化。如果没有时间，宇宙将毫无生气，什么都不会发生。时间是一维的，不会发生分岔现象。运动就是位置随着时间的流逝发生的一连串变化，动态则是状态随着时间流逝发生的一连串变化。系统的状态通常是指位置，但也可能指温度、湿度、电活动水平、颜色、心理状态，甚至可以是鱼的价格。

动态事件可以是不规则的，也可以是规则的。在文艺复兴时期的意大利，年轻的伽利略死死盯着教堂天花板上悬挂着的吊灯，他发现无论它的摆动幅度变大或变小，摆动所需的时间都一样。于是，他产生了制造摆钟的想法。具有讽刺意味的是，他的关键性观察结果与

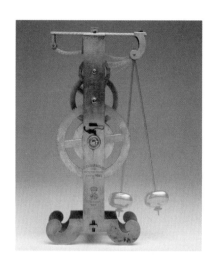

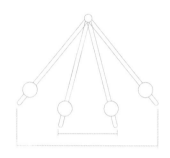

摆钟不停地发出节奏分明的嘀嗒声，节奏保持得越好，它的走时就越准。声音是有节奏的振动造成的结果，振幅越大，声音也越大

事实略有不同。钟摆摆动所需的时间与摆动幅度的大小其实是有关系的，摆动幅度越大，所需时间就越长，但误差非常小。在伽利略生活的时代，这么小的误差根本不会造成任何影响。钟表匠让所有钟摆摆动相同的幅度，从而巧妙地回避了这个问题。

钟摆有规律的摆动就是一个简单的周期循环，即同一行为以相同的时间间隔不断重复发生的动态。从动物的运动图形中可以找到更多周期循环的例子。这样的循环证明自然法则具有决定论的特点。牛顿认为我们生活在一个机械宇宙之中，这个宇宙一旦开始运动，就会按照事先确定好的进程进行下去。决定论认为，系统回到初始状态之后，一定会重复第一次的动作，于是循环就这样发生了。然而，如果相同条件下规则允许发生的行为有多种（涉及概率时，就会出现这种情况），这个循环就不大可能会再次发生。

周期循环特别容易预测，因此是一种极其重要的动态图形，这个事实与上面的观察结果一致。例如，我总是惊奇地发现，可以提前几年就预测出圣诞节的日期！（复活节的日期也可以预测，但预测的难度比圣诞节大，因为复活节的日期不仅涉及若干个相互矛盾的循环，还与一些不太重要的宗教传统有关。）所有周期循环都逃不掉的预测是，前后两个周期的情况肯定是一模一样的。

　　我们周围有很多动态变化在一定程度上都可以算作周期循环，例如，波浪冲上沙滩、在浅滩中消逝，太阳每天从地平线升起再从地平线落下，更不用说每年的季节交替了。鸟在冬天迁徙，在春天返回。黑脉金斑蝶每年都要飞越数千英里，前往它们的交配地。角马和驼鹿也有这种习性。

　　周期循环在音乐中也极为常见。我指的不是旋律，有的旋律的确是周期性的，但这样的旋律并不多见。我指的是振动，振动产生声音，声音可以形成旋律。当小提琴的琴弦发出中央C音时，它的振动周期大约为1/250秒。吉他的琴弦，单簧管、双簧管和管风琴中的空气，以及鼓的鼓皮都通过振动发出声音。光也是一种周期性振动，其

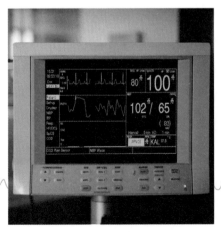

我们的心跳通常也很有节奏，但是节奏感比不上钟表。心脏缺少机器特有的精密性。但这对我们有利，因为心脏必须灵活应对不同的情况。跑步时，心跳必须加快；休息时，心跳必须变慢。医学监视器可以呈现出心脏的电活动图形，因此我们可以通过观察心跳时间来诊断心脏病

频率远高于声音，发生振动的是电场和磁场。

　　我们的生命也依赖于周期循环。当我们休息时，心脏就会以一定的节奏跳动；当我们运动时，心脏每分钟的跳动次数就会增加，以改善氧在体内的输送。从本质上看，我们正常的呼吸也是周期性的。走路的时候，腿的运动同样是周期性的。（事实上，骑车时腿也会周期性地运动，而且自行车的大部分部件也如此！）

　　有时你会觉得，整个地球乃至整个宇宙，都是由一个错综复杂的巨型连锁循环系统驱动的。当然，一切都没那么简单。

天体循环

　　天空中也有循环，还会对生活在地面上的我们产生影响。总的来说，我们最早注意到的天体循环对我们影响不大，有的天体循环的确影响到了我们，但我们却认为这些循环与天空没有关系。我们最终大致明白了其中的道理，但是整个过程花费了几千年的时间。

　　日夜循环是对地球生命影响最大的天体循环，每个日夜循环的周期为24小时。我们现在知道这个循环是由地球的自转引发的，但对早期人类来说，地球明显是静止的（天啊，这不是显而易见的吗！再说，如果地球在运动，我们肯定都会摔倒的）。后来人们开始意识到，不管地球在干什么，地球上的万物都不会有任何变化，因为观察者与他们观察的事物在同步运动。尽管如此，人们还是费了好大劲儿，才相信地球不是宇宙的中心，包括太阳在内的其他天体并非都在绕着地球转。

天体循环有很多种。大约每 $365\frac{1}{4}$ 天，季节循环就会重复一次，太阳会依次经过黄道十二星座。且不说太阳这颗恒星，我们可能要感谢热衷于观察夜空的古巴比伦人发现了这些星座。例如，他们制定了木星的运行时间表，并从中发现了循环规律。事实上，古人的观察非常精准，早在古希腊时代，人们就已经知道春分和秋分的岁差（昼夜等长的日期发生的缓慢变化）需要将近 26 000 年的时间才能完成一个循环。

现在我们越发意识到，在浩瀚无际的宇宙面前，我们所在的地球是多么渺小。在庞大的宇宙中，我们这个不太引人注目的地球，正在一个不太引人注目的星系中绕着一颗不太引人注目的恒星运转，但这是我们自己的星球。

甚至，在银河系这种规模的天体中也有循环。银河系是一个巨大的恒星旋涡，太阳每 2.4 亿年就会绕着银河系中心旋转一周。

利用数学的理想化方法来表现现实时，总会突出某些方面，而忽

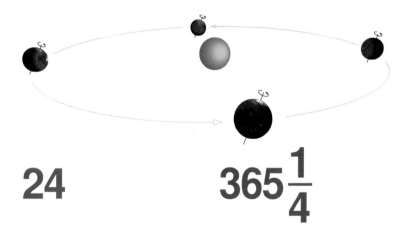

24                              $365\frac{1}{4}$

略其他方面。日夜循环的周期可能是24小时，但明暗变化的图形却会随季节变化。在被称作午夜太阳之地的地球两极附近，这个周期为24小时的循环很难通过白天和黑夜加以区分。这里，一年有1/4的时间太阳一直在地平线以上，在另一个1/4的时间里太阳又一直在地平线以下，在这两个阶段之间，光明和黑暗交替出现。这些现象都是由倾斜的地轴引起的。24小时实际上是地球绕地轴自转的周期，白天与黑夜的循环交替是地球自转的结果，此外地球围绕太阳的公转也会对此产生微小的影响。

　　天空中的周期循环会对地球上的生命产生深远的影响。很多生物体内都有一个生化时钟，它与日夜循环大致同步，而且可以根据光明和黑暗交替的规律重新设定时间。太阳就是地球上所有生命的指挥棒。太阳和月球相对于地球的运动是决定潮汐时间的主要因素，对潮涨潮落的高度也有一定的影响。（除此以外，潮汐的高度主要取决于当地的地理条件和天气状况。）潮汐是如何形成的？地球自转时，月球

人类最早发现的一些自然图形源于天文现象，例如一年一度的季节循环，每月一次的月相循环，以及行星在"位置固定"的恒星之间的运动。古人很早就发现了这些图形。星系、黑洞等是人类近期发现的天文图形

26 000

引力使离月球最近一侧（但不是月球正下方）的海平面略微上升。同时，离月球最远一侧的海平面也会上升，这与我们的直觉正好相反。大致来说，这是因为潮汐主要是由海水的横向流动造成的，与海水的垂直运动关系不大。许多生物的生存离不开潮汐，因为潮涨潮落给了它们一个新的生态环境——大约每12小时，潮间带就会完成一次由湿到干再变湿的循环。

地球的发展演变是在一个更加庞大的体系里完成的，无论我们人类能否感觉到，这套体系的影响一直都在。"天上"和"地下"的距离其实并不像我们想的那么遥远。

第 5 章
镜像对称

  镜像对称是一种最常见，却又非常难以理解的对称。镜子里的那个世界惟妙惟肖，但其实是一个彻头彻尾的虚幻世界。镜像告诉我们，除了我们所在的这个世界，还有一个"虚拟"的第二世界，两者一模一样，又有所不同。面对这个世界的诱惑，我们始终不得其门而入，但我们可以通过某些方式与它建立一种微妙的联系，例如，我们可以对着镜子整理领带、涂脂抹粉。

  镜子让我们感到困惑是有缘由的，不仅因为镜子的光学原理难以理解，而且因为镜像对称是基础物理学的一个核心内容，并且意味着虚拟世界的存在。那个世界与我们所在的世界很相似，我们甚至可以与之互动（尽管这种互动效果比较弱，而且很微妙），但与此同时，那又是一个截然不同的世界。

  简单地说，镜子就是一个可以反射光的表面。你从镜子里可以看到自己的脸，是因为光线从你的脸照射到镜子，然后反射进入你的眼睛。我们对此已经习以为常，所以很少会去想为什么图像如此清晰而且不失真。答案就在于"反射"这个词，但此时它的含义与我们通常了解的含义略有不同。在数学上，反射是指将平面一侧的一个物体上所有点都移动（在大脑里想象这个操作）到平面另一侧对应的位置上。换句话说，数学家眼中的反射实际上是仿照镜子反射的。数学家假设面前有一面镜子，并想象通过镜子看到物体位于某个位置，这个位置就是反射后该物体所在的位置。因此，数学家的反射经常会使真实世界与虚拟世界相互交融。在真实世界和虚拟世界中，光线具有相同的几何特性（这要归功于物理学的深层镜像对称性），反射图像让人信以为真也是基于这个原因。

不仅如此，反射图像有时还令人费解。把穿着鞋的右脚放到镜子前面，镜子里就会出现一个穿着鞋的左脚的镜像。举起你的右手，镜子里的"你"就会举起左手。显然，镜像把左右颠倒了。为什么不会上下颠倒呢？镜子里的你仍然是头朝上、脚朝下。如果把镜子横过来，会不会有变化呢？

镜子让我们感到困惑，是因为人是左右两侧对称的。我们可以通过两种方法将人的镜像与本人相匹配。在人类完成视觉进化的世界里，物体是可以移动的，但无法反射（指数学家的反射）。因此，我们下意识地将镜子中的形象翻转一次，然后拿它与真实的自己进行比较，结果发现左右颠倒了。实际上，现实与镜像中的所有身体部位都位于同样的相对位置——头在上，脚在下，左手在左边（身体左侧），右手在身体右边。

那么，到底发生了什么呢？事实上，镜像不是左右颠倒，而是前后颠倒了。你面朝北，镜子里的你则面朝南。数学反射是指把物体压扁，让它从自身穿过，然后反向展开。

鞋亦如此。我们在理解右鞋的反射图像时，它好像被翻转了一次，在这种情况下，我们肯定认为这就是左鞋。但实际上，镜像经历了反射，但没有被旋转。拥有"手性"的不是物体本身，而是空间。

我们在镜子中看到的虚拟空间，其手性与反射之前的真实空间正好相反。镜子里的左鞋其实是右鞋，左手其实是右手。

既然如此，那么再反射一次应该就能恢复之前的手性。如果你让两面镜子相互垂直，然后沿对角线观察，就会看到你的脸在两面镜子的连线位置被一分为二。举起右手，镜子里的你也会举起右手（在你看来，镜子里的你举起的是右手）。这个现象令人困惑，因为你觉得你应该看到镜子里的你举起左手。但事实与你的想法不一致。你看到的镜像已经被两面镜子反射了两次，因此它的手性与现实世界是一样的。

两侧对称

动物界中最常见的对称就是两侧对称。在所有对称中，两侧对称是最简单的。从外部形态看，两侧对称的生物与镜子里的形象基本相同。许多植物也有这种镜像对称，比如它们的叶子。几乎所有兰花都具有显著的两侧对称性，令人赏心悦目，但它们却不像雏菊、大丽花、向日葵那样具有旋转对称性。在解释生物的两侧对称时，不仅需要注意一般规则，还要注意特别情况。为避免遗漏，解释时也必须兼顾生物发展的动态和现代遗传学的发现。应该始终谨记，在某种程度上，两侧对称并不像表面看起来那么简单。人体内部器官不像人体外表那么对称，心脏通常位于身体左侧，弯曲盘绕的肠道也有特定的手性，左肺有两个肺叶，右肺有三个。

出于若干力学方面的原因，肠子肯定不可能具有对称性。肠子

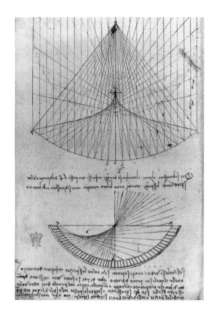

（左图）镜子里的世界既因为无比逼真而令人难忘，又因为明显不同而令人烦恼。达·芬奇是镜像书写法的倡导者，他可以用镜像反射的方法书写文字。从名称可以看出，这些文字大多需要借助镜子的反射才能阅读

（下图）兰花通常具有镜像对称性

是一个管道，起始端和末端都大致在身体的中心位置。如果肠子以左右对称的方式排列，它就只能在身体中心面上盘绕，不能向左或向右偏出。但肠子承担着消化食物的重任，因此它必须足够长，仅在中央面上盘绕是无法满足这个要求的。所以，肠子必须偏离中央面，而一旦如此，就不可能是两侧对称的。心脏也是不对称的，这是因为心脏右侧的功能是把血液输送到肺部，左侧的功能则是把血液输送到全身各处，因此左侧要比右侧大。肺的不对称性与主要气道的不对称性有关。如果你因为在聚会上误吸了一颗花生米而被送进医院，那么这颗花生米在右肺里的概率更高。如果肺和通向肺的气道都是镜像对称的，花生米在左肺和右肺里的概率将会一样。

　　力学上的限制因素有时可以解释为什么两侧对称是不可行的，但不能解释为什么特定手性却是可行的。向右弯曲的肠及其向左弯曲的

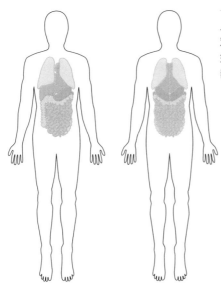

人体表现出明显的对称性，但这种对称性不包括内脏器官。事实上，如果身体真的按照对称性长出某些器官，就有可能危及生命

镜像，都可以解释力学限制条件带来的问题，因为物理定律具有反射对称性。如果人的心脏在身体左侧和右侧的概率相等，我们就可以认为手性是力学因素造成的随机结果。然而，几乎所有人的心脏都在左边，每 8 500 人中只有一例"内脏逆位"，即所有的内脏器官都处于镜像位置，但这种情况几乎不会对人体造成伤害。（令人意想不到的是，这样的人却不太可能是左撇子。）还有一些人患有内脏异构症，半边身体是正常的，另外半边则是它的镜像。这有可能导致严重的后果，例如，他们可能没有脾脏，也可能有两个脾脏，具体取决于哪半边身体是正常的。

　　人体出现这样的异常现象，是因为在细胞群形成的过程中向其提供空间定位信息的遗传"开关"发生了错误。有证据表明，老鼠肺部的"左向性"（leftness）是由老鼠体内的一种叫作"Pitx2"的基因决

定的，该基因还对心脏的位置以及脑垂体和牙齿的发育有影响。如果
人体内的这种基因发生突变，就会导致双眼和脸部发育异常，即阿克
森费尔德-里格尔综合征。

　　还有一个可能的原因是纤毛的动态变化。纤毛是细胞上的鞭状突
起，它们可以像千足虫的腿那样活动。正在发育的胚胎中有一个杯形
空洞状结节，它的作用是利用螺旋纤毛引导胚胎中的液体流动方向。
这种不对称液流的手性是由逆时针方向的螺旋状纤毛决定的。该理论
认为，不对称的液流可能会激活胚胎的左右两侧的不同基因，进而使
之后的所有发育过程都形成特定的手性。这种偏向性仍然是由遗传因
素决定的，因为纤毛的旋转方向可能是纤毛自身结构的一个必要特
征，纤毛的结构可能是由细胞的基因决定的。

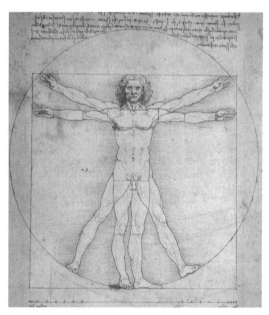

为了提高作品的逼真程
度，达·芬奇还研究了
人体的数学比例，尤其
是人体的两侧对称

在进化史上，两侧对称显然可以追溯到很久以前。我认为，它最初可能是生物生长的一个必要特征，是物理学和化学的左右对称产生的结果。事实证明，这是一种非常有用的特性，因为镜像对称起到了事半功倍的作用。后来，两侧对称取得的主要进展就是形成了一些变化较小但非常重要的变体。

对称的雪花

如果人是雪花，他们的对称性就更有可能出现问题。两侧对称的形状只能形成一个反射对称，而其他的对称形状则不一定，特别是雪花，可以形成多个反射对称，但人类的心理特点让我们更关注它的六次旋转对称。事实上，完美对称的雪花可以形成六个不同的反射对称。

要观察雪花的这个特点，最简单的方法就是找到形状最简单、最规整的雪花，即六角形雪花。我们可以画出六条直线，将其分割为互成镜像对称的两半，其中三条直线是相距最远的两个顶点的连线，另外三条直线是相距最远的对边中点的连线。这六条直线相交于中心，并且相邻连线之间的夹角正好是30度。

形状更精致的雪花也有这样的六条镜像对称轴。例如，雪花的一个角酷似树枝，通常呈左右对称，其他五个角同样如此。

在雪花的形成过程中，不论具体细节如何，某种物理特性都会产生并保持这种对称性（这与器官的生长发育过程十分相似）。这是怎么实现的呢？

我们可以从六边形的镜像轴入手，儿童玩具万花筒就应用了这个原理。在万花筒的套筒里，两面镜子沿棱边并排放置，形成一个精心选择的角度。你在看万花筒时，看到的是这两面镜子形成的V形，视线与连接这两面镜子的"铰链"平行。在与你视线垂直的方向上，是一堆随意放置的彩色透明塑料片、珠子、纸片等一堆乱七八糟的东西。镜子会不断反射这堆东西，每一次反射都会形成更多的对称图形。然而，镜子的角度是精心选择的。由于几何的特殊性，奇数条（清晰可见）的镜像轴比偶数条效果好。如果你想在万花筒中得到六

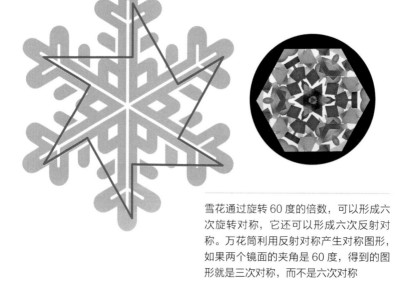

雪花通过旋转60度的倍数，可以形成六次旋转对称，它还可以形成六次反射对称。万花筒利用反射对称产生对称图形，如果两个镜面的夹角是60度，得到的图形就是三次对称，而不是六次对称

次对称图像，V形夹角就必须等于30度，这样的角度已经非常小了，很难看清楚（但也不是一点儿看不清）。五次对称的夹角是72度，这个角度足够大，很容易看清万花筒里的镜像。72度角是整个圆的1/5，所以你可能会认为，让镜子夹角等于整圆的1/6（60度），就可以形成六次对称。但实际上，60度夹角只能形成三次对称（尽管像雪花这样的六角形可以形成60度角的六次对称）。

　　为什么会这样？因为镜像轴的数量为偶数时，镜子的反射会相互重叠，而镜像轴的数量为奇数时则不会发生这种情况。六角形有两种不同的镜像轴（顶点和边的中点），但五角形的镜像轴都是顶点与对边中点的连线，这就是导致差异的原因。

　　雪花的反射对称是最基本的对称。如果把两面镜子完成的两次反射组合在一起，效果就相当于发生了一次旋转。例如，如果两面镜子成30度夹角，某个物体在第一面镜子里的镜像就会在第二面镜子里也形成一个镜像，效果相当于发生了60度旋转，即角度增加了一倍。与之相反，平面内的旋转无论如何组合，都不会形成反射的效果。

　　万花筒最重要的特征是，它形成的图像从总体上讲是高度对称的，比那一堆乱七八糟的实物漂亮得多，而且无论里面放的是什么，效果都非常好。原因很简单，那一堆乱七八糟的东西只是细部结构，而非整体结构。镜子的作用是创建整体结构，即对称性，无论这些实物是什么，对称性都不会改变。因此，我们可以将万花筒的图形分解为两个独立的部分，一部分用来塑造细节，另一部分用来建立对称性。

　　如果我们可以通过同样的办法分析雪花的物理特性，我们就可以为核心问题找到真正令人满意的答案了。但对雪花而言，哪个因素起到了万花筒的作用呢？哪个因素又起到了那堆乱七八糟的实物的作用呢？

对称的物理定律

　　对雪花而言，起到"万花筒"作用的肯定是物理定律，因为它们是自然界所有对称性的终极来源。爱因斯坦独具慧眼，认识到了对称性在物理定律中的重要作用。在爱因斯坦之前，数学家发现对称和守恒定律之间有某种联系。（守恒定律告诉我们，某些物理量，例如能量和动量，既不会凭空出现，也不会凭空消失。）爱因斯坦在此基础上更进一步，指出对称性是所有深层自然法则的基础。从本质上讲，

量子世界的可见痕迹——物理实验显示的基本粒子运动轨迹。在磁场的作用下，基本粒子沿螺旋形轨迹运动，这说明它们是带电的

他认为物理学在所有空间点和时间点上同样有效。是的，在不同地点或时间发生的事件可能不同，但这些事件遵循的物理定律都是一样的。

爱因斯坦根据这个原理，提出了狭义相对论和广义相对论。时至今日，这两大理论仍然是力学、电磁学和引力研究的基础。物理学的另一场伟大革命——量子理论，也离不开对称性，但量子理论非常深奥，如果没有丰富的高等数学知识，是很难理解的。量子力学的许多对称性原理都与基本粒子的特性有关。从本质上看，这些原理告诉我们，如果这些粒子被相关的其他粒子取代，这些定律将保持不变。换句话说，粒子不是独立的个体，而是通过对称关系构建的一种物质成分。

反射对称使现代物理学变得更加精彩，但在我们试图利用简洁、优雅的定律来总结宇宙的特性时，它又让我们吃尽了苦头。其他对称，诸如平移和旋转，都不会造成什么麻烦。让大象或电子完成空间平移或旋转后，它仍然是一头大象或者一个电子。让大象或电子穿越时间，比如从昨天中午穿越到明天晚上，大象依然是大象，电子也依然是电子。这并不奇怪，因为我们可以完成这样的操作，只不过需要等待相应的时间才能看到结果。

时间倒流（相当于时间反射）则是另外一回事。如果我们能观察到时间倒流中的大象或电子，它还会遵守同样的物理定律吗？这一次我们没办法做实验，但我们可以研究物理定律的数学结构。直到不久前，研究结果都表明物理定律的数学结构在时间反射下具有对称性。在普通的空间镜像反射中，这些结构也表现出了对称性。最后，还有量子力学反射对称，即所谓的宇称。宇称会"反射"电荷，能将正电荷变为负电荷，将负电荷变为正电荷。

尽管物理学的大多数领域都存在这三种反射对称，但我们现在发现某些亚原子粒子的特性与镜像对称或宇称都不一致。自然界有四种基本力：万有引力、电磁力、强核力和弱核力。前三种力都具有镜像对称、时间反射和宇称这三种对称性，但出于某种原因，弱核力不具备这个特点。正如20世纪著名物理学家沃尔夫冈·泡利所说："上帝是个左撇子。"

这一发现提出了一种有趣的可能性。有的人的内脏器官位置与常人相反，但各项功能健全。同理，可能还有一个功能健全但所有法则正好与我们的世界相反的宇宙——在那个宇宙里，上帝是个右撇子。事实上，我们这个宇宙似乎从大爆炸开始就是左右对称的，但后来逐渐演变成现在这种偏左的状态。

是不是在时间开始的时候，有一个偏右的宇宙从我们这个宇宙中分离出去了呢？

然而，物理学最近又取得了一些进展，许多物理学家认为一种被称为超对称性的反射也应该是一种自然法则。他们还认为，每种已知的基本粒子都有一个超对称伙伴，即超对称粒子。比如，电子和超对称电子，夸克和超对称夸克，分别是一对。是否存在一个由超对称粒子构成，并且一直与我们这个宇宙交互作用的幽灵似的"同伴宇宙"呢？

不对称的大脑

如果我们忽略外在形式，转而研究内在功能，就会发现一些重要且明显的不对称现象。我们的左右脑看起来很相似，但它们的职能却截然不同。人们过去认为，右脑的主要职能是视觉感知、空间定位及对人脸和物体的识别，而左脑主要负责语言、复杂动作序列的编程及对自身状况的了解。现在看来，这种认识似乎过于简单化了——左右脑职能的区别不在于内容，而在于处理方式。借助扫描设备，我们现在可以观察到人在思考时哪些大脑部位比较活跃，还发现所有的心智能力似乎都同时与两个大脑半球有关。但是，左脑负责细节，右脑则负责处理全局性问题。

这种差异令人费解。从结构上看，大脑似乎是对称的——由神经组织构成的两个半球形状大致相同。但更深入的研究表明，这两个部分有很多不同之处，神经组织的折叠图形也不相同。然而，大脑功能的不对称性比结构的不对称性要明显得多，而且与手性有关，尽管两者之间的联系不是非常明晰。例如，在习惯用右手的人中，语言由大脑左半球主导的比例为99%。但在习惯用左手或左右手同样灵巧的人中，这个比例只有60%。在左右手都经常得到使用的人中，语言由大脑右半球主导的比例大约为30%，在剩下10%的人中，左脑和右脑在语言方面都不占主导地位。不仅如此，大脑右半球负担的语言功能比人们之前认为的还要多，因此令人们感到更加疑惑。我们的大脑为什么是这个样子？大脑的对称性破缺也许与肠道的对称性破缺一样，都是因为空间不够，无法形成对称吗？我们的语言和视觉能力都涉及大量的信息处理工作，要让人类大脑兼具这两项功能，唯一可行的办法或许就是让左脑和右脑各司其职。

动物似乎对对称有一种奇怪的偏好，因此它们对诸如左-右之类的对偶性非常重视。这种偏好可能来自大脑的进化。动物天生拥有学习能力，但识别物体的能力却不是与生俱来的。大脑是一种神经网络，是由神经纤维组成的复杂回路，经过训练可以产生意想不到的对称效应。例如，有些鸟类的雌鸟喜欢与拥有对称尾巴的雄鸟交配。关于这个现象，有两种可能的解释，而且两者都有可能是正确的。一种是性选择理论。优秀的遗传基因对鸟类很重要，功能正常的发育系统可以确保鸟长出对称的尾巴，所以喜欢与拥有对称尾巴的雄鸟交配的雌鸟通常可以拥有更优秀的后代，与此同时，偏好对称的特点也得以保存下来。另一种理论认为，偏好对称的特点是视觉系统在接受尾巴识别训练过程中偶然产生的一个副产品。鸟的眼睛看到尾巴时，它的视觉神经网络肯定会产生强烈的反应。但是，鸟的尾巴有各种各样的形状，尾巴向左偏的鸟与向右偏的鸟的数量可能差不多。因此，任何对这两种尾巴产生强烈反应的神经网络，在鸟的眼睛看到对称尾巴时的反应应该更强烈。因为对称尾巴与向左或向右偏的尾巴都比较相

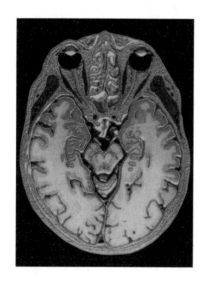

从表面看，人类大脑的两个半球在形状和大小上都非常相似。然而，它们在大脑运行时所起的作用并不相同，主要区别不在于人们之前以为的具体内容，而在于对感官信息的处理方式

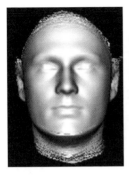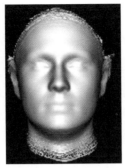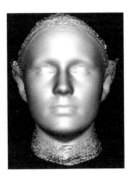

计算机对人脸最显著特征的分析表明，平均脸（中图）是一张中性的脸；脸部特征的最大差异存在于男性脸（左图）和女性脸（右图）之间。直到不久前，人们才解决了训练计算机识别性别的问题。由于计算机学会了这种分析方法，所以性别识别变得非常简单。要发现脸部的重要不同点，不能仅观察鼻子、嘴巴等单个特征，而应同时考虑所有特征的协同变化

似，所以在产生"这是一个尾巴"的反应时，神经网络受到了双重刺激。

　　人类对对称或近似对称也有相似的偏好，而且原因大致相同。最近的研究表明，女性与脸部近似对称的男性发生性关系时，通常会有更多或更强烈的性高潮。那么，这是不是性选择在发挥作用呢？可能是这样。但是和鸟类一样，我们对对称的热爱可能只是神经网络结构的偶然产物，或两种因素兼而有之。

　　1996年，认知科学家爱丽丝·奥图尔和计算机科学家托马斯·菲特尔对人脸图像进行了计算机分析。他们首先发现并分析了平均脸。接着，在对任意给定的脸与平均脸进行比较后，他们从给定脸中减去平均脸，然后分析结果中的图形。我们的视觉感官对平均脸的"修正

项"（即包含大量与平均脸不同信息的变量）比较敏感。这个表示了典型男性脸和女性脸的差异的变量到底是什么呢？

神秘的手性

生命内在的手性是一个难解之谜，在分子层面上同样存在。物理定律的镜像对称赋予了分子很多迷人的特性。有的分子成两侧对称，但大多数分子都不具有这个特点，这类分子有两种不同的存在形式，而且这两种形式互成镜像，具有相同的物理和化学性质（然而，如果其中一个对光的反应是向左旋转，它的镜像形式就会向右旋转）。但是，它们的生化特性却有可能截然不同，造成这种情况的原因不是物理上的不对称性，而是生物上的不对称性。生物是由不对称的分子组成的，至少我们所在的地球就存在明显的手性。

DNA和它制造的蛋白质就具有这个特点。如果你只吃镜像对称的蛋白质，就难以获取充足的营养。由于我们的味觉在手性方面有所偏倚，所以左旋分子的味道可能与右旋的镜像分子不同。DNA双螺旋与普通瓶塞钻一样，有一个明确的旋转方向，即右旋。它也可以朝另一个方向旋转，而且即使真的左旋也不会导致任何问题，但在地球上它却选择了右旋。（然而，与标准DNA构成成分相同的左旋DNA形成了左旋结构，但是这种形式的DNA非常少，只在特殊情况下才会产生。）

为什么在特定物种中不可以采用左旋与右旋相混合的螺旋结构呢？对有性繁殖的生物体来说，这个问题是很容易解释的。地球上的生命分为两大类：原核生物（主要是细菌）和真核生物（几乎所有其他生物）。真核生物由一个或多个细胞组成，它们的遗传物质被包裹在染色体中。每条染色体（除性染色体以外）都有两组DNA，一组来自父亲，另一组来自母亲。这两组DNA经常在某些位置发生交叉，使得来自父亲和母亲的DNA互换位置。这一过程被称为重组，它可以使机体的基因发生某种变化。如果重组的两条DNA分别是左旋结构和右旋结构，交叉机制就难以发挥作用。

这个解释十分合理，但它无法解释为什么不同物种的生物都具有相同的手性。这个问题可能

物理定律都具有反射对称性（只有一类极为少见的情况例外）。因此，本身不具备两侧对称性的化学分子有两种不同的存在形式，而且这两种存在形式互为镜像。DNA分子是一个具有特定"手性"的双螺旋结构。从化学角度看，它的镜像可以实现同样的功效。但是，出于若干生物学和进化的原因，在地球上的所有生命形式中都没有发现这种镜像结构

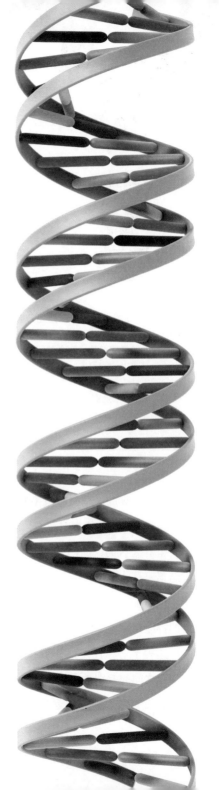

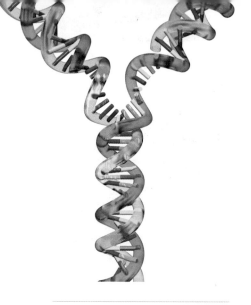

DNA分子在细胞中复制时，首先分裂成两条单链。然后，每条单链通过复制，形成两条新的单链。这个过程最后产生两个基本相同的副本，而且它们具有相同的手性。同理，当有性繁殖物种的两条DNA链（分别来自父母）重组时，这两条DNA链必须具有相同的手性。螺旋结构的两条单链可以被分开并复制遗传信息

需要从进化的角度加以解释。当DNA进行复制时，它的手性会自动地传递给副本。如果我们都是同一个"原始"生命形式的后代——鉴于遗传机制的普适性，这个假设正确的可能性很高——我们就都继承了那个生命形式的DNA手性。如果该生命形式的DNA是朝相反方向旋转的，我们的DNA方向也会与现在相反。因此，DNA的手性可能是由一次"偶然冻结"造成的。偶然冻结理论意味着，如果我们遇到来自另一个世界的外星人，那个世界的生化机制也是基于DNA的，那这个外星人的DNA旋转方向就有一半的概率与我们相反。

也有人认为，DNA旋转方向和蛋白质的手性，可能是宇宙偏倚的结果。具体地说，生物分子的手性可能是弱核力不对称性的进化结果。别忘了，自然界中有四种力，但在宇宙发生镜像反射时只有弱核力的特性会发生变化。

这种不对称性使得分子和它的镜像带有不完全相同的能量。由于两者之间的差别微乎其微，确切地说是百万分之一的差距，所以人们一直没有意识到它的重要性。然而，大约25年前，物理学家迪利

普·康迪普特发现，对于某些在生物学上具有重要意义的分子，如果自然偏向于低能量的变体（即使数量稀少），那么只需几十万年的时间，这种低能量变体在这些分子中的占比就将高达98%。生命的繁殖过程会放大这种差异性。

第 6 章
旋转对称

　　零度旋转对数学家来说是很重要的。零度旋转的含义是，对于呈六次旋转对称的雪花，旋转60度、120度、180度、240度和360度时，它看上去都没有发生任何变化，但如果你什么也不做，即雪花静止不动，它看上去同样也没有任何变化。把"雪花"换成其他任何结构，零度旋转的含义都不变——这一点非常重要！但如果你对这个"什么也不做"的"微不足道"的对称性视而不见，数学就会陷入一片混

平静池塘里的涟漪具有圆对称性，因为它们在各个方向上的传播速度相等。溅起的水花刚开始时也具有圆对称性，但随着水花上升，这种对称性会遭到破坏，形成一个不怎么对称但图形十分明显的冠状水花，周围还有若干间距相等的尖角

乱，就像没有数字 0 的算术一样。

　　雪花具有离散旋转对称性，只在某些特定的角度下才能形成对称。有些形状旋转任何角度后都是对称的（即具有连续旋转对称性），圆就是一个最典型的例子。对希腊人来说，圆是一种完美的形状。圆周上的所有点到定点（圆心）的距离都相等。当然，我们可以用圆规画圆，依据的就是这个道理。把圆规的尖头扎在纸上，使它固定不动——尖头所在的点就是圆心。然后，利用另一端（通常是一个铅笔头）绕这一点旋转一周，画出的图形就是一个圆。如果圆规打开后两只脚之间的距离保持不变，从圆心到铅笔绘制图形的距离就会保持不变。因此，古希腊人十分迷恋圆，认为圆周上各点与整体之间的关系完全相同。

　　把一颗小石子扔进风平浪静的池塘里，在小石子碰到水面时，平静的水面上会荡漾起错综复杂的波纹。所有波纹都是圆或者圆的一部

分，为什么呢？如果扔下去的是一颗很小的石子，水面被扰动的面积就会非常小，接近于一个点。然而，由于水是流体，扰动会挤压邻近区域并向外扩散。如果各个方向的情况相同，例如平静的水面就具有这个特点，那么扰动在各个方向上的传播速度将完全一致。而且，在任一时刻，波纹从小石子开始向各个方向上的传播距离都相等。简而言之，小石子激起的波纹是一个个圆。

因为圆形波浪向外扩张，再加上刚开始的扰动使得池塘里的水多次上下振荡，所以我们可以看到若干个圆，且圆心都是同一个点。振荡波不是很强，因此形成的圆形波浪会逐渐变得微弱。

当涟漪到达池塘边缘时，它们会像照射到镜面上的光线一样发生反射。两道波纹相遇时，其余部分均保持不变，但在相交的位置，两道波纹的力量暂时汇合到一起。在波峰与波峰相交的位置，我们可以看到一个更高的波峰；在波谷与波谷相遇的位置，我们可以看到一个更深的波谷。而当波峰遇到波谷时，两道波纹将会相互抵消。

如果掉进池塘里的不是一颗小石子，而是一个雨滴，会怎么样？

我们将再次看到圆形的波纹（这是一个熟悉的信号，告诉我们就要下雨了），但在波纹正中央上演的一幕更加引人注目。球形雨滴掉落在平静的水面上，溅起水花。一瞬间，水面上出现了一个圆形的凹陷，紧接着水腾空而起，形成一圈陡峭的圆形水墙。（所有这些都非常小，比雨滴大不了多少，你需要准备好特殊的照相设备，才能冻结时间，捕捉那稍纵即逝的美丽画面。）水墙不断升高，顶部呈波浪形。接着，一股水流喷出，在圆形水墙的顶部形成一连串尖尖的角，每个尖角的顶上都有一个圆形的小水滴。

那飞溅的水花看起来就像一顶王冠。顶部喷水的部位间距大致相同，因此，水花就像雪花一样，也具有离散旋转对称性。水花是由水滴引起的，却为什么没有全部继承水滴的圆对称性呢？这与雪花的六次对称性有什么关系吗？

细微之处蕴藏的奇迹 ─────────────

　　快速相机可以让飞溅的水花凝固为一个永恒的画面，新仪器往往是取得重大科学进步背后的重要原因。15 世纪，人们发明了一种非常重要的新仪器。一切从单镜片放大镜开始，1674 年，荷兰博物学家安东尼·范·列文虎克对单镜片放大镜进行了大幅改进，使之可以观察到单个细菌。接着，又有一些人提出了几种透镜组合方式。就这样，显微镜诞生了，科学领域从此发生了翻天覆地的变化。

　　显微镜揭示了一个千奇百怪又异常活跃的隐秘世界。池塘里的一滴水中包含的生命体，比我们放眼望去在整个田野里看到的还要多。生物学取得了巨大的进步。

　　微生物比奶牛和毛毛虫要简单得多，但它们仍然非常复杂。如果你关注的不是它们的形态，而是它们的生活方式，就会发现情况更加复杂。阿米巴虫看上去就像一团不规则的果冻，然而它在微观世界里移动时目的性却非常强，至少看起来是这样。

　　微观世界五花八门，意想不到的情况比比皆是。长得像一只拖鞋的草履虫的身体周围有一圈头发状短纤毛。通过这些纤毛神奇的波浪形运动，草履虫可以在它栖息的水环境中四处巡游。就像千足虫的步足一样，这些纤毛的运动也具有某种对称性——行波的时空对称性。

某些微生物具有严格意义上的对称性。团藻是由很小的绿色点状结构形成的球形网络，每个点状结构都有两根纤毛。球形网络里是体型更小的绿色球体，即团藻的下一代。令人惊奇的是，在这些团藻下一代的体内还能看到更年轻的再下一代。某些硅藻（长有硅胶外壳的单细胞植物）就像雪花和海星一样，同时具有反射对称性和旋转对称性，这两种对称性经常出现在正多边形中。

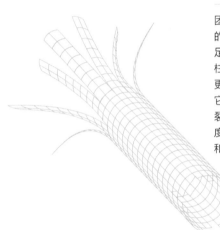

团藻（下图）具有球对称性。较小的幼体一直藏身于母体体内，直到足够大时才被母体释放至体外。圆柱形微管蛋白分子（左图）是一个更小的生物工程奇迹。生长过程中，它每次长出一个单位，但它通过分裂缩短圆柱体长度的速度是生长速度的 10 倍。阿米巴虫就是通过建造和破坏微管蛋白的方式运动的

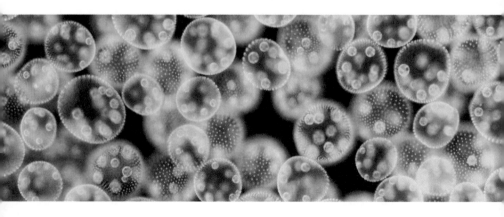

尽管变形虫的外形可能不具有对称性，但它有目的的运动方式结合了对称性、随机性和动力学的特征。阿米巴虫是单细胞生物，具有复杂的化学结构的细胞被一层膜包裹着。遗传系统在未被激活时，就储存在细胞核内。当成长的阿米巴虫分裂成两个较小的细胞后，这些遗传因子会进入其中。此时，分裂形成的细胞就会变成新的阿米巴虫。通过细胞分裂，阿米巴虫的数量会成倍增加。

基因可以完成很多任务，大部分我们还不甚了解，但我们知道基因可以制造蛋白质。和大多数细胞一样，变形虫也长有骨骼——由空心杆状结构（即微管）形成的网络。微管是由微管蛋白构成的，微管蛋白可分成 α 和 β 两个略微不同的类型。阿米巴虫的基因中有制作 α– 微管蛋白和 β– 微管蛋白的配方，但这些分子的行为不受基因配方的影响，而是受到物理定律的支配。

按照物理定律的要求，这些分子需要把自己构建成管状结构，就像一个卷起来的棋盘——棋盘上的黑色方块是 α– 微管蛋白，白色方块是 β– 微管蛋白。这个管状结构就叫作微管。阿米巴虫通过拆除它们的微管"脚手架"，然后在其他地方重新搭建的方式，来实现运动的目的。它们在管状结构的末端添加连续的环形蛋白质，使微管的长度加长。它们还可以像剥香蕉皮一样，纵向分裂微管。两个过程都是动态的，也具有对称性，但又有所不同：建造的速度是破坏的速度的 1/10。

微管蛋白不仅对阿米巴虫来说非常重要，还是所有生物构建细胞的关键成分。中心体是由微管蛋白构成的，含有两个形状相同、相互垂直的中心粒。每个中心粒由 27 个微管组成，呈扭曲圆筒状。27 个微管分成 9 组，每组 3 个，形成完美的九次旋转对称，但不具备反射对称性。没有人知道为什么。关于这个小型系统的详细工作原理我们知之甚少，但我们知道它在细胞分裂中起着关键作用，微管可以将细胞和染色体分开。

中心体先复制，然后挤压微管。当细胞分裂成两个部分时，这些管状结构就会附着在复制的染色体上，并把两组染色体分别拉到两个子细胞中。也就是说，我们在生命繁殖的核心机制中发现了一种简约而神秘的对称性。

海洋中的对称结构

旋转对称也叫作辐射对称，在生物中很常见，通常与反射对称同时出现。从数学上讲，物体有可能只具有旋转对称性，马恩岛的区徽就是一个经典的例子。整个图案是由三条腿组成的，在旋转120度角的整数倍时保持不变，但它不具有反射对称性。有的病毒具有五次旋

这个具有三次旋转对称性但不具有反射对称性的迷人的图形，就是马恩岛的区徽——"奔跑的腿"。把任意两条腿放到一起看，都像一个正在跑步的人的双腿，但它总共有三条腿，且每两条腿的夹角都是120度

转对称性，但不具有反射对称性。

陆地上的旋转对称常见于鲜花中，但在海洋中，海葵、珊瑚和海星等动物也经常呈现出这种对称性。典型的海星就像有五个角的雪花，其整体形态呈五次旋转对称，旋转72度的整数倍时保持不变。像雪花一样，海星还有反射对称性，每条腕足都是一个对称轴。

海星是棘皮类（严格地说，是棘皮门）动物，同类动物还有海百合、海胆、海参、海蛇尾和海雏菊。它们的名字中出现了花名或"星"字，说明这些动物在视觉上具有一个引人注目的属性——旋转对称性。它们的身体结构呈辐射状，而不是更常见的两侧分布。这些生物在发育过程中形成了辐射状几何结构，但形成的时间非常晚。棘皮动物的生命历程从一个近似球形的卵细胞开始，随后进入幼体阶段。它们的幼体与脊椎动物胚胎以及许多无脊椎动物一样，通常呈两侧对称。但后来它们的整个身体结构发生了复杂的变化，变成了一种具有旋转对称性的体形。两侧对称性失去了其基本属性的地位，取而代之的是一个辐射状结构，水管系统的5个管道是其最明显的特征。这些管道中充满了水样液体，这种液压系统为这种动物借助管状足运动提供了动力。

五重结构显然是各种常见海星的共同特征。海胆不具有这种明显的特征，它们进化的目标似乎是球对称，或者至少是多面体对称。但是，它们的骨骼仍然明显表现出五重结构的特点：海胆壳近似球形，里面分成5个部分，像5个橘瓣一样围绕在中轴周围。在许多海滩上都可以看到扁平的五角形沙钱，其实它是一种被称作饼海胆的扁平海胆的内骨骼（即甲壳）。

棘皮动物的进化可能始于两侧对称的结构，在进化过程中逐渐表

常见的海星有 5 条腕足，形成五次对称结构。有的海星可能有更多腕足，但这些腕足的排列仍然呈现出近似对称性。与海星有关的物种都具有相同的"辐射状"体型，同时显示出旋转对称的特征

现出了五次对称的明显特征，直到后来，五次对称几乎覆盖了原先的两侧对称。但也有可能是它们很早就开始遵循现有的生长发育路线。我们不知道为什么这些生物具有如此强的辐射对称性，但人们认为，与三次对称相比，五次对称的结构强度更占优势。

　　然而，并非所有海星都呈现五重结构的体形。有 7 条腕足的物种也比较普遍，深海有一种海星拥有 6~20 条腕足，南极的某些物种有多达 50 条腕足。在北方水域比较常见的普通太阳海星有 10 条腕足，带刺的太阳海星可能有 15 条腕足。目前，还没有发现任何理论（类似于与鲜花以及植物生长动态有关的斐波那契数）可以从身体结构的角度解释这些数字。

蜈蚣和千足虫的对称性使得它们具有独特的运动图形。与之相似，棘皮动物的对称性有时也会影响它们的运动，通过上下摆动腕足在海水中游弋的毛头星（海百合）就是一个突出的例子。比如，某只十足动物的第 1、3、5、7、9 号腕足向上挥舞时，第 2、4、6、8、10号腕足会向下挥舞；随后，它开始呈现相反的运动图形。从数学上讲，这是一个典型的十次对称系统的动态图形。

当然，人在左右反射时不是完全对称的，海星的旋转对称在细枝末节上也是有瑕疵的。但最需要加以解释的是，海星的结构为什么如此接近完美对称，而不是与之偏离。如果海星只有一条腕足上长有具备生物特殊性的器官，严格地说，它就是一种两侧对称的生物。但这不是普通的两侧对称，而是由近似完美的五次对称朝向两侧对称的轻微偏离，这种偏离是我们目前还无法理解的一个现象。

光的图形

旋转对称经常可以在物理图形和生物图形中看到。事实上，有许多物理图形呈现完整的圆对称——无论如何旋转，旋转多少度，图形都保持不变。最常见的例子就是彩虹。

大多数关于彩虹的研究关注的都是它的颜色，但颜色只是彩虹众多神秘特点中的一个。光线从一种介质传播到另一种介质（例如从空气进入水）会发生弯曲，这种效应被称为折射。为了证明利用折射可以将白光分解成"彩虹的所有颜色"，牛顿让阳光从百叶窗的缝隙中穿过，然后照射到玻璃棱镜上。结果，他在棱镜另一边看到了彩色的条纹，而且各种颜色按照它们在彩虹中的先后顺序排列：红、橙、黄、绿、青、蓝、紫。光是一种波，它的颜色取决于波长。波长不同，折射的角度也不同。彩虹的颜色也是这个效应造成的结果。每一滴雨都像一个小棱镜，把太阳的白光分解成它的组成色。

这就是彩虹呈现出多种颜色的原因，但其实彩虹的形状是一个更有趣的数学问题。下面我会讲到，每道彩虹都是一个圆弧。彩虹的其他几何特征也需要解释。有时——尤其是雨水充沛的时候——我们可以看到两道彩虹。第二道彩虹中各种颜色的排列顺序正好与第一道彩虹相反，而且两道彩虹之间的天空是黑沉沉的。这是为什么呢？

想一想，阳光照射到一滴雨上会发生什么？我们先想象一束只有一种颜色的光线，以红色为例。当从太阳发出的一束平行的红色光线照射到雨滴上时，光线从空气中进入水，就会发生第一次折射——传播方向突然发生改变。然后，光线照射到雨滴的另一侧并发生反射——从水滴表面折射回去。最后，当光线从水滴回到空气中时，会再次发生折射。

这些方向变化有汇聚作用，因此光线会偏转一个特定的"临界角"。因为整个结构成旋转对称（旋转轴就是雨滴与远方太阳的连线），所以返回的射线会形成一个明亮的圆锥体。当我们背对太阳观察眼前的雨时，光就会沿着这些圆锥体（各色光线经过每个雨滴的折射加反射后都会形成一个单色圆锥体）返回我们的眼睛。只有当我们的眼睛位于其中一个锥体上时，才可以接收到来自雨滴的光线。因为圆锥的截面是圆，所以每种颜色都会形成一个圆弧。又因为不同颜色的光的折射角度不同，所以各色圆弧的半径也略有不同，从而使彩虹呈现出多种颜色。

阳光穿过棱镜时，就
会分解成阳光的组成
色，这是因为每一种
颜色的光的偏转角度
都略有不同

　　如果出现了两道彩虹，那么形成第二道彩虹的光在雨滴中反射
过两次，而不是一次。也正因为如此，你可以看到这些颜色的次序发
生了颠倒。从理论上讲，有第一道彩虹就一定会有第二道彩虹，但第
二道彩虹可能因为过于暗淡而无法看到。两道彩虹之间的天空光线较
暗，是因为光线照射到雨滴上之后，几乎不会向两个对应圆锥体之间
的方向散射。

　　还有人利用类似的光学效应来解释彩虹。用冰晶代替雨滴，用月
亮代替太阳，月亮周围就有可能出现由不同圆弧组成的月晕。在寒冷
的夜晚，我们经常可以看到满月的周围有一圈光晕。然而，这种效应
最令人惊讶的一个现象还是头顶的光环。

　　如果你背对太阳站立，只要看一看你留在雾霭中或者浑浊水面上
的影子，就会发现你的头上有一个明亮的五彩光环。神奇的是，即使
有其他人站在你身旁，你也看不到他们影子上的光环。他们都能看到
自己头上有光环，却看不到你或其他同伴头顶上的光环。这种神秘的

阳光照射到掉落的雨滴时，每个雨滴就相当于一个复杂的棱镜。不仅阳光会被分解成不同的颜色，每种颜色还会向一个特定的方向汇聚。当太阳在我们身后而雨滴在我们身前时，我们可以看到一道道彩色的圆弧——彩虹。每一道圆弧都是由小水滴形成的。这些小水滴反射的光，只要方向没有偏倚，就会进入我们的眼睛

效果其实是阳光造成的。阳光照射到雾霭中的小水滴后会发生反射，几次反射之后，再沿着水滴的表面传播一小段距离，最后的传播方向正好与最初的方向相反。光线在照射过来时必须非常靠近你的眼睛，也就是说，从你的头部周围经过，才能进入你的眼睛。所以，你可以看到你的影子头顶上的光环，因为只有你的头位于合适的位置上，而其他人的头离你的眼睛太远，你是无法看到他们头顶上的光环的。

柳穿鱼的奥秘

　　我已经多次提到花的形状，但是还没有进行过认真细致的研究。它们和雪花一样，呈辐射对称（即旋转对称），它们的形状也是其生长过程的一个记录。然而，雪花的形成是一个物理过程，而花的生长则是一个生物过程。可能是基于遗传方面的某些原因，这个不同点造

成了巨大的差异。最近，一些研究取得了有趣的成果，人们发现植物的对称性受到遗传因素的影响。

花是在大致呈圆柱形的枝条顶部发生和长大的，因此具有形成旋转对称的可能性。圆柱体具有圆对称性，相同的物体排列成环形时，很可能也带有一定的对称性。可能的生长图形遵循一定的数学规律，有了这个范围之后，遗传就可以按图索骥，做出各种选择。

植物遗传学在实验室里得到了广泛的研究，但是这些研究是否适用于那些在野外生长的植物，我们还不清楚。1999年，植物学家皮拉尔·库巴斯、科洛尔·文森特和恩里科·科恩对瑞典博物学家林奈在1749年描述的一种植物——柳穿鱼，进行了专门的遗传研究。成熟的野生柳穿鱼有5个花瓣，但只具有两侧对称性。最上面的两片花瓣就像兔子耳朵一样高高竖起，两边各有一片像下颚一样下垂的花瓣，最低的那片花瓣则像舌头一

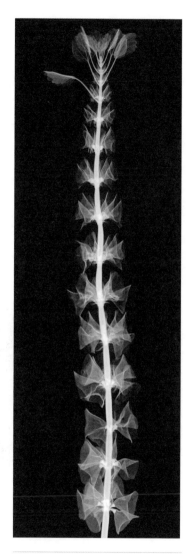

植物的某些部位，例如树枝，在生长过程中会多次重复长出相同的结构，这是植物生长的一个特征

样，从两片"下颚"中伸出来，上面还长着长长的穗（里面有花蜜）。

　　林奈发现柳穿鱼有时会发生突变，其中一种突变体具有五次辐射对称性。柳穿鱼的普通品种长有三种明显不同的花瓣，但突变体的所有5个花瓣都有穗。这个不同点是花瓣和花的其他部分在发育过程中形成的。粗略地说，这两种形态都是由相同部分构成的，而且这些部分的排列位置大致相同。然而，普通柳穿鱼的三种花瓣的发育方式各不相同，只有在少数突变体中，所有花瓣的发育方式才都相同。

　　库巴斯希望通过遗传性变化来解释发育方式的不同，并在研究中追踪到了一种叫作Lcyc的基因，它在另一种植物（金鱼草）中负责控制不对称性。他们认为，在Lcyc基因的DNA序列中可能会找到一

化学标记物的存在或缺失会引起植物形状的变化，柳穿鱼就受到了这种影响（上图）。图中展示出普通柳穿鱼（左下图）和变异柳穿鱼（右下图）之间的差异

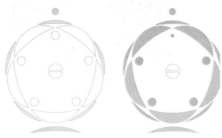

些微小的突变。一旦 DNA 编码出现微小的"排印错误"，就可能导致两种不同的情况。但他们的实际发现比预期的更加有趣。DNA 编码本身没有任何不同，但是表观遗传出现了差异。表观遗传是一种化学标记，可以从母体传给后代，但正常的 DNA 复制机制不会复制这种标记。

　　这种差异其实就是一种叫作甲基化的现象。之前人们就已经知道甲基分子通常附着在生物体 DNA 的片段上，它们不是生物体 DNA 编码的一部分，而是对这个片段进行标记，使其产生不同的性状。在柳穿鱼发生突变时，这个标记在突变体发育过程中阻止了 Lcyc 基因发挥作用（基因表达）。甲基化并非一直保持这种效果，而是有时确保基因表达顺利完成，有时阻止其完成，具体结果完全取决于基因的种类和所处环境。但在柳穿鱼的突变体内，它的基本作用是把一种化学标记附着在 Lcyc 基因上，以下达"忽略该基因"的指令。正常情况下，Lcyc 基因应该在某个阶段被激活，以构建基因指定的蛋白质，长出不同的花瓣。但在这种标记的作用下，这些都不会发生。生长发育会遵循默认的进程，长出来的花瓣基本相同。

　　我们可以从中归纳出以下几点。第一，生命不只取决于 DNA 编码，许多其他过程在机体的生长过程中也扮演着某种角色。第二，生物学善于从数学规律中调用并修整图形。柳穿鱼本来可以长出五角星形状的花，但在少量 Lcyc 基因的作用下，它的发育过程发生了变化，创造出一个吸引昆虫授粉的平台。第三，甲基化是实验室里的一种极其罕见的突变，但在人们研究的第一例野外突变中就发现了这种现象。

游走不定的球体

　　天空中有大量旋转对称现象。对希腊人来说，天空中的光点——行星，与"固定"恒星的区别仅仅在于它们一直游走不定。后来，人们逐渐发现每颗行星都是一个完整的世界，在某些方面与地球比较相似，但总的来说又有所不同。大多数行星都有大气层，只有水星没有名副其实的大气层。各个行星大气层的成分与地球有很大区别，例如，木星大气层的主要成分是氢和氦。

　　在很多方面，每个星球都是独一无二的。水星由破碎的岩石构成，上面没有大气，到处都是陨石坑。金星是一个随处可见喷发火山的酸性温室。火星是一个冰冻的沙漠。木星是一颗带条纹的巨星，上面有一个不断旋转的大红斑。土星周围有壮观的浮动岩石环。天王星躺着旋转。海王星上刮着太阳系最强烈的风。冥王星非常奇怪，不久前被归为矮行星，不再是行星了。来自美国国家航空航天局"新视野"号的图片显示，冥王星的表面非常复杂、奇怪，由固态气体和冰构成。

　　虽然太阳系的成员各具特色，但这些行星也呈现出一些共同的图形。木星、天王星和海王星有星环，金星和火星有陨石坑，土星的大气层有条纹。有的不同点还具有相同的解释。爱因斯坦认为，物理学定律应该在任何地方都适用，尽管在不同的地方会产生不同的结果。例如，行星大气层主要取决于其引力场可以阻止哪些气体分子逃逸。行星越大，留住较轻气体的能力就越强，这与我们的发现不谋而合。

　　行星的形状和运动方式明显遵循一个共同的图形规律。所有行星都是球形，都绕着某个轴旋转。也就是说，行星的表面结构、大气和内部结构都大致符合一个共同的基本框架。按照我们的预期，一个旋转的球对称系统中应该能看到这些东西。这就提出了一个问题：我们预期能看到哪些东西？

仅凭球对称性这一条信息，我们能够得出的结论非常少——不过是一个平淡无奇、毫无特色的球体。然而，行星的旋转可能会破坏球对称，使其变成关于旋转轴的圆对称。所以，我们可能会认为，行星的主要特征是绕自转轴旋转任意角度都保持不变。

土星环就像一个环带，但在细节上有一些特殊情况。例如，有的环交叉在了一起，有的环略微偏离了圆形结构。从土星的两极看，土

四幅图由上至下分别为：冥王星、木星、木卫二和土星。太阳系的行星和卫星各具特色，表面颜色和质地相差很大。例如，木卫二的特点是表面结冰，还有纵横交错的长裂缝。但它们也有许多共同点：所有行星及体型较大的卫星都是球形的，旋转时通常会产生圆对称的特征，比如木星的云带和土星的美丽星环

星环几乎全都是一系列圆和环带，中间偶尔会有圆形的缝隙，而且所有圆和环带都与土星的赤道位于同一平面。木星的条纹状大气层也符合圆对称的特征。从木星的两极放眼望去，那些彩色云带就是一个个圆，圆心是木星的两极。在一个固态球体上罩一层流体，再在外面加上一个稍大一点儿的透明球形外壳，然后让它们一起旋转，流体就会自动变成带状结构，与木星的条纹有些相似。造成这个现象的原因是旋转产生了作用力，使流体形成环流。旋转对称有利于形成带状图形。木星上同样有这些作用力，还有热效应。大气层外层可以接收太阳的热量，但数量不多，所以外层的温度仍然非常低，而内层的温度则高得多。这种热量差异也有助于形成条纹图形。

然而，问题并没有这么简单。圆对称行星上的所有结构并不都具有圆对称性，木星的大红斑就是一个明显的例子。大红斑是木星上的一个椭圆形区域，总表面积几乎和地球一样大，已经存在了300多年。重要的是，它与木星其余部位的相对位置还在不断变化。它或许就是木星上永不停息的飓风，但无论它是什么，都不会形成关于木星自转轴的旋转对称。然而，旋转流体实验表明，这种类型的巨型涡旋本身就是典型的旋转对称系统。所有这些说明了两点：第一，对称系统的作用方式通常都具有对称性；第二，有时它们也可能不对称。问题变得更加扑朔迷离了。

别忘了，我们之所以绞尽脑汁地归纳总结自然界中的数学规律，就是为了追踪雪花中蕴藏的那些难以捉摸的图形。到目前为止，我们已经知道，只要看到某种图形，我们很快就可以识别出某种或若干种对称性。这些对称性追根究底都来自自然法则中的规律性。它们反映了这样一个事实：我们的宇宙是大规模生产的产物，是由相同的成分复制形成的。

在完成了那个关于雪花的思想实验之后，开普勒猜测雪花的六重结构肯定与冰的晶体性质有关，因此他认为晶体肯定也是相同成分经过多次复制形成的。他说："地球在形成事物时并不是只青睐一种形状，它不仅熟悉而且经常使用所有的几何形状。我曾在德累斯顿皇家宫殿的马厩里看到一块镶银的装饰板，上面有一个凸起的十二面体，看上去就像一朵盛开的花。它的大小相当于一颗不大的坚果，高度是装饰板厚度的一半。"

晶体以样式优美著称。原因很简单，它们的外观具有数学形状的特点。例如，盐晶是一个个小立方体，我们可以用浓盐水在实验室里甚至在家里培养出体型较大的立方体盐晶。铁铝榴石晶体（石榴石的一种）是一种紫褐色的十二面体，但不是毕达哥拉斯学派研究的那种

晶体的形状通常表现出某种规律性，表面由
许多平面组成，平面之间形成特定的角度
（上图）。晶体具有的肉眼可见的规律性可以
帮助我们探索其深层的物理性质。事实上，
这些规律表明，晶体的原子结构是一种有规
律的网格，具有多种对称性。石墨（碳的一
种）的晶格是由平行的蜂窝构成的，每个顶
点都有一个碳原子（右图）。这些平面可以轻
松地相对滑动，因此石墨的质地较软。金刚
石是碳晶体的另一种形态，晶格结构不同于
石墨，质地异常坚硬

各个面由正五边形构成的十二面体，而是一种不太规整的菱形十二面

体，各个面都呈菱形。这种十二面体仍然是数学研究的内容之一，只

是不太为人所知。石膏是一种长棱柱结构，与切割过的玻璃非常相

像；锡石（锡晶体）就像闪闪发光的金字塔；磁铁矿则是闪亮的黑色

八面体。

　　但是，早期的晶体学研究对这一切都不太清楚。我们现在知道晶

体有清晰的多面体结构，但在当时，我们的双眼被无数的不规则性所

蒙蔽。例如，萤石可以形成一个个立方体，但经常有若干立方体在形成过程中发生交叉现象，从而形成有趣的夹角。这种现象叫作晶体孪生。在这种情况下，孪生晶体的对称性比不上生长过程中不受干扰的单独晶体，但有时也会产生相反的结果。有些晶体会齐心协力，构成一个比正常情况更对称的形状，晶体学家称之为赝对称性。

如果你知道晶体遵循哪些数学规则，就不难了解其中的奥秘。但是，如果你需要根据你发现的形状推断这些规则，孪生晶体和赝对称性就会让你感到困惑。

我们现在已有了一套非常棒的晶体数学理论。这套理论的核心内容是对称性，这里的对称性不是指地质学家挖掘出来的矿物质表现出来的对称性，而是其亚微观结构（原子排列）表现出来的对称性。别忘了，虽然原子的概念起源于古希腊，但直到20世纪，科学界才开始相信所有普通物质都是由无数微小的原子构成的。开普勒不知道原子是构成物质的基本粒子，但他可能听说过古希腊人的推测。毫无疑问，在对雪花形状进行了一番讨论之后，开普勒很快就断定雪花是由大量相同的小单元体组成的，而且它们以规则的图形组合在一起。然而，他把这些小单元体称作球状体，而不是原子。

就像开普勒一样，我们的任务也因此细分为几个独立的小任务。一个任务是了解晶体的规律，以及原子结构的对称性对大规模晶体形态的影响；另一个任务是了解晶体是如何形成的，这是因为晶体的最终形态取决于它们的形成过程。

我们还需要了解冰到底是什么，它是如何形成的，为什么它和液态水有如此大的区别，以及冰在结晶时所处的环境对晶体的最终形状有什么影响。把所有这些综合起来，我们对冰晶（雪花是由冰晶构成的）的物理和数学特性的理解，就可以达到一个合理的程度。从原子层面看，晶体就像一堵瓷砖墙，"瓷砖"都是由原子组合而成的，它们排列成三维结构，而不是二维结构。因此，我们先考虑一般特性与晶体物理特性相同且难度不大的图形——镶嵌图形（tiling pattern）。

瓷砖的几何形状

　　铺地砖是人类文化中一个重要又常见的现象。埃及人用石板铺成整齐的图案，古希腊人和古罗马人也经常用马赛克拼出类似的规则图案。最简单的镶嵌图形可能是像棋盘那样铺设正方形瓷砖。除了正方形以外，最有规律性的镶嵌图形还有正多边形，即各边边长与各个顶角均相等的多边形。等边三角形是有三条边的正多边形，正六边形是有六条边的正多边形。正多边形可以有任意多条边，但不能少于三条。

　　如果我们只允许使用一种瓷砖，那么哪种正多边形瓷砖可以铺满一个平面呢？答案很简单：等边三角形、正方形和正六边形，而其他正多边形均不符合要求。证明方法同样简单。你在用瓷砖贴墙或铺地板时，使用的基本形状很少（通常只有一种形状，比如正方形），但摆放的位置有很多。将瓷砖移动到另一个位置以及旋转某个角度的对称变换被称为刚性运动，平面上的所有刚性运动都是平移、旋转和反射等操作的组合，但不一定包含所有操作。

　　想象有一个三角形，在同一平面的另一个位置上还有一个一模一样的三角形。如何移动第一个三角形，才能让它正好覆盖住第二个三角形呢？第一步，平移第一个三角形，使它的一个顶点与第二个三角形的一个顶点重合。第二步，（如果需要）让第一个三角形绕着这个顶点旋转，使它的一条边与第二个三角形的对应边重合。

　　此时有两个可能的结果。第一个结果是第一个三角形和第二个三角形完全重合，如果是这样，就万事大吉了。第二个结果是第一个三角形和第二个三角形互为镜像，"镜面"就是那条公共边。在这种情

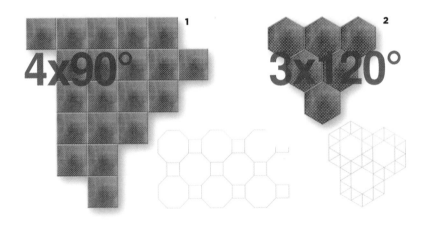

利用正多边形铺设平面，一共有三种选择：1. 正方形；2. 正六边形；3. 等边三角形。因为公共顶点处的角度之和必须是 360 度，所以我们知道，不存在任何其他的正则镶嵌法。只有三种方法可以满足镶嵌的要求：1. 使用 4 个正方形（顶角为 90 度）；2. 使用 3 个六边形（顶角为 120 度）；3. 使用 6 个三角形（顶角为 60 度）。此外，重复使用多种正多边形的半正则镶嵌法也可以满足要求

况下，对第一个三角形进行反射操作，就可使之与第二个三角形完全重合。任务完成！

我将从相同的正多边形瓷砖开始，向大家介绍镶嵌图形的数学分类。除此以外，我还要强调一点：两个多边形拼到一起时，顶点必须重合。也就是说，多边形的所有顶点都不得位于另一个多边形的某条边上。综上所述，只有三种可能：6个等边三角形共用一个顶点；4个正方形共用一个顶点——标准网格图形；3个正六边形共用一个顶点，蜂巢中的就是这种图形。

为什么没有其他可能呢？比如，为什么五边形不行？关键原因是，每个顶点的角度必须正好契合，不能留下空隙，也不能重叠。所以，多边形的角必须与360度相差整数倍。等边三角形（顶角为60度，即360度的1/6）、正方形（顶角为90度，即360度的1/4）和正六边形（顶角为120度，即360度的1/3）都符合这个条件，但正五边形（顶角为108度）无法满足要求：3个五边形拼到一起会留下一个缺口，4个则会发生重叠。边的条数大于或等于7的正多边形也都不符合这个条件。因此，就只有这三种可能（人们称之为正则镶嵌）了。

如果允许使用多种正多边形，可能的图形就会大大增加。在角度契合条件不变的情况下，共有9种不同的半正则镶嵌法。所谓半正则镶嵌，是指所有瓷砖都是正多边形，相邻两块瓷砖顶点对顶点，而且每个顶点周围的瓷砖排列都相同。在这9种镶嵌法中，有7种与自己的镜像相同，另外两种则互为镜像。例如，如果我们用贴浴室瓷砖的方法把八边形镶嵌在一起，就会留下一些正方形的空档，用正方形瓷砖可以把它们填满。同样，如果六边形角对角拼到一起，就会留下三角形的空。正六边形可以被交错的正方形和三角形包围，正十二边形可以被三角形包围。

　　镶嵌图形艺术在伊斯兰艺术家的作品中达到巅峰，他们用其装饰建筑物。有的图形非常复杂，甚至用到了不规则的多边形瓷砖。例如，有一种图形用的是有4、5、6、7和8条边的瓷砖，而且这些瓷砖看上去都呈正多边形。镶嵌必须严丝合缝，因此拼到一起的各个顶角必须加起来正好是360度。但是，如果这些瓷砖都是正多边形，就无法满足这个条件了。艺术家巧妙地改变了五边形和七边形瓷砖的形状，以满足镶嵌的要求，但变化幅度非常小，因此肉眼几乎看不出那些不规整的地方。

六芒星魔法

　　因为正五边形及边数大于或等于7的所有正多边形都无法用于正则镶嵌法，所以与镶嵌图形相关的数字主要包括2、3、4和6。数字6对毕达哥拉斯学派来说尤其重要，它不仅是三角形数（$6 = 1 + 2 + 3$），还是一个完美数（比6小且可以整除6的数是1、2和3，把这三个数相加，就会得到数字6）。下一个完美数是28，因为它的因数1、2、4、7、14的和正好是28。另外，$28 = 1 + 2 + 3 + 4 + 5 + 6 + 7$，因此它也是一个三角形数。

　　这些概念在现代数学中已经不重要了，只能小小地满足人们对历史的好奇心。然而，数字6在数学中确实有着重要的意义，对我们的雪花探索行动来说也非常重要，因为它是二维空间中的"接吻数"。也就是说，如果你在平面上画一个圆，然后在它的周围排列几个相同

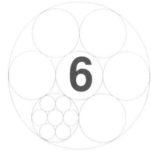

形状相同的圆形物体，比如硬币，在平面上堆积时就会形成蜂窝状——排列最紧密的结构。在这种结构中，每一枚硬币都可与另外6枚"接吻"。球体在空间中紧密排列时，最多可以有12个球体同时与一个特定球体"接吻"

大小的圆，使它们都能接触到第一个圆，但彼此不能重叠，你就会发现正好可以排列6个圆。大家可以用硬币来试一试。

在三维空间中，用球体取代圆，接吻数就是12。大家可以用乒乓球做一个实验。乒乓球很难固定，所以可借助双面胶。无论如何排列，以一个乒乓球为中心，周围都可以排列12个球，但不管你怎么努力，也无法排下第13个球。然而，在三维空间中，12个球的排列并不紧密，球与球之间有空隙，因此这些乒乓球是可以移动的。

2003年，奥列格·穆辛证明四维空间中的接吻数是24。此外，数学家只知道另外两个空间维度——八维和二十四维空间的接吻数。五维和六维空间更容易理解，但它们的接吻数至今仍然是一个谜。而对于八维和二十四维空间，我们却有一个完美的答案……这实在是太不可思议了。

这种情况似乎是由一些相当离奇的巧合造成的。然而，人们已经找到确凿证据，证明八维空间的接吻数是

240，二十四维空间的接吻数是196 560。我不打算解释这些高维空间及球体，大家就当它们是趣闻逸事吧。我本人就喜欢这种稀奇古怪的东西。

回到二维空间。由于6个接吻圆高度契合，所以我们可以复制相同的图形，不断添加更多的圆，让它们彼此接触。最后，我们会得到由同样大小的圆构成的蜂窝结构，每个圆都被另外6个圆包围，这种图形甚至比六重结构的雪花更加对称。这种蜂窝结构也具有六次旋转对称性，但对称中心不止一个，其中任何一个圆的圆心都是对称中心。它还关于两个相邻圆的圆心连线，或者经过两个相邻的交点且与两个圆相切的直线，成反射对称。不仅如此，它还具有平移对称性。选择任意两个圆，然后平移整个蜂窝状结构，使第一个圆移动至第二个圆的位置上，整个结构就正好覆盖在原来的位置上。

开普勒在他的《论六角形雪花》中告诉我们，雪花是由相同的微小单元按蜂窝状紧密排列而成的，这是形成雪花特有的对称

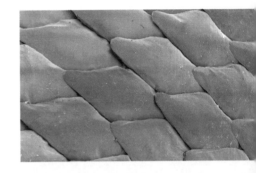

蛇和蜥蜴的鳞片呈现出密堆积图形，这是因为紧密排列是覆盖平面的有效方法。巨人堤道就是一个典型的例子，高耸的玄武岩棱柱堆积在一起，形成蜂窝状。这些棱柱是熔融岩石冷却后形成的，密堆积结构则是冷却过程的结果

性的根本原因。他的看法基本上是正确的。雪花中确实有形状相同的微小单元（氢原子和氧原子，水就是由这两种原子组成的），但它们形成的是晶格，而不是蜂窝结构，两者是有区别的。（不要着急，后面会做详细解释。）然而，鉴于1611年的开普勒只能凭空想象雪花的结构，他的推测已经非常接近事实了。

我们在自然界中也能找到蜂窝图形，比如北爱尔兰巨人堤道上的玄武岩棱柱。玄武岩是固化的火山岩，岩石在冷却时会收缩并沿水平方向发生分裂，重力作用会使垂直的棱柱形成蜂窝结构。当然，巨人堤道上的蜂窝结构并不完美，但仍然让人赞叹不已。除此以外，蛇、蜥蜴和鱼的鳞片也再一次为大自然使用正六边形镶嵌法提供了合适的机会。鳞片就是可供大自然使用的瓷砖，大自然经济学不允许它使用过多形状不同的鳞片。

对称的艺术

许多艺术形式都会运用对称，有时是数学意义上的精确对称，有时则是近似对称。对称在陶器、纺织品和墙纸中尤其常见。事实上，墙纸是技术、数学和艺术的经典结合。墙纸的对称性与镶嵌密切相关。此外，我们很快就会看到，墙纸还是揭开晶体结构奥秘的数学钥匙。

从理论上讲，一卷墙纸可以采用任何设计图案。先把纸挂起来，在纸上画一个设计好的图案，等油墨干了之后取下再卷起来，就是一卷墙纸。然而，我们生活在批量生产的现代世界，所以大多数墙纸

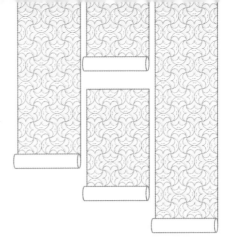

当相同的形状沿两个不同的方向重复出现时，就会形成网格。墙纸是一个常见的例子。由于特定的印刷方式，纸卷上每隔一段就会重复出现相同的图案。同时，这个图案还会在横向上重复出现，因此墙纸之间可以衔接得非常好

都是由机器旋转滚筒在纸卷上印刷设计图案这个重复性工序制造出来的。这个过程自然会对设计构成某些限制条件，其中最明显的就是必须在纸卷上不断重复同一个图案。然而，还有一种重复也是必不可少的。因为必须保证连续两张墙纸接口处的图案正好吻合，所以相同的图案还必须在第二个方向（横向）上不断重复。所有室内装修人员都知道，这种横向重复不一定必须保持水平，两张墙纸之间可以有图案"错位"对齐的现象。然而，同一个图案必须在两个独立的方向上重复，这就意味着它形成了数学家所说的网格。正则和半正则镶嵌图形都具有点阵对称性。与其说壁纸图案的造型满足了功能的需要，不如说这是制造技术的限制条件造成的结果。

因此，正则镶嵌图形是网格结构，我们很快就会在下文中看到，晶体也是网格结构。所以，我们似乎有必要对格论和网格对称性做一般性了解。

二维空间中的格论是美国数学家和教育家乔治·波利亚于1924年提出的。波利亚与戈弗雷·哈罗德·哈代、约翰·埃登瑟·李特尔伍德合作，证明了墙纸（二维网格）有17种对称类型。这些对称类型可细分为：七种平行且无限延展的饰带图形；两种基于正交网格的对称图形；三种基于正方形的对称图形；五种基于蜂窝结构的对称图形。只

需认真挑选装饰图案，就可以包含或排除某些镜像对称，整个过程非常微妙。值得注意的是，1890 年左右，耶夫格拉夫·费多罗夫、阿瑟·申夫利斯和威廉·巴洛三位晶体学家提出了类似的三维网格分类法。费多罗夫还完成了大量二维网格研究，但他的努力似乎被数学家遗忘了。

伊斯兰艺术家对所有 17 种墙纸图形了如指掌，他们有使用抽象设计的传统，在装饰重要建筑物时更喜欢使用这种设计。他们还普遍认为，墙纸图形的几何形状与宇宙的几何形状有着密切的联系，所以他们用数学图形来赞颂造物主。他们在结合了直觉、实验和有意识的分析后，发掘出这些图形。不管怎么说，他们似乎没想过对这些图形进行严格的逻辑分类。事实上，我们没有理由认为他们在考虑这些图形时采用的是与现代西方数学家相同的方式，而且有大量证据表明他们确实没有这样做，比如上文提到的那些轻微的不规则性和那些令人惊艳的不可思议的镶嵌图形。

文艺复兴时期，艺术家和数学家联合起来从事透视法的理论研究，使对称的数学应用以一种异乎寻常的方式进入西方的艺术

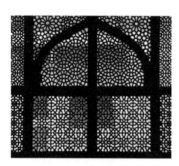

倡导在艺术和建筑中应用网格图形的最杰出代表是伊斯兰艺术家，他们的瓷砖地板和木雕屏风就是明证。艺术家毛里茨·埃舍尔在作品中运用了大量的数学图形，我们从他的《天使与魔鬼》中可以看出这个特点

领域。阿尔贝蒂在《论透视法》(*On Perspective*)中对此做了相当全面的论述,阿尔布雷希特·丢勒等后来的艺术家进一步发展了他的理论。透视法需要使用数学对称法则,因为艺术家画布上的二维投影会不可避免地发生扭曲,数学对称法则可以将三维空间的刚性运动与画作联系在一起。但在透视法中发挥重要作用的并不是那些对称图形本身,而是数学研究对这些图形的笼统表述。

艺术家毛里茨·埃舍尔独树一帜,巧妙地运用了这些对称图形。1922 年,埃舍尔访问西班牙,并绘制了许多阿尔汗布拉宫的素描设计稿。从那时起,他的作品越来越明显地受到抽象图形和对称的影响。从他的《举重运动员》草图看,他沿用了阿尔汗布拉宫的设计思路。后来,他开始自行设计新的图形,有时也与数学家合作。他最具特色的贡献就是把经过艺术处理的动物图案用作瓷砖图案。

圆堆积问题

现代数学总是喜欢重新审视老问题,数学家不仅会思考这些问题的答案,还会思考初始的问题到底是什么。开普勒知道,在平面上尽可能地紧密堆积大小相同的圆,就会形成蜂窝图形。他是对的吗?

开普勒知道你可以把圆堆积成蜂窝状,使所有圆的周围都没有空隙,无法移动。这就是"密堆积"的意思。开普勒肯定能够证明这些说法。然而,这种紧密还可以理解为圆之间的空隙已经不能再小了。这就引出了一个问题:六重排列留下的空隙真的是最小的吗?这个问题的解答与前一个问题大不相同。1910 年,数学家阿克塞尔·图厄给这个问题提供了一个令人信服的证据，证明了不可能存在比六重堆积效果更好的方法。即便如此，他的证明也回避了一些棘手的问题，因此证明效果不太令人满意。1940年，数学家费耶什·托特找到了一个不同的方法，改变了这种局面。

圆堆积问题仍然有很多未解之谜，用圆填充有限容器更是如此。举个例子，用一定数量的圆填充正方形方框，最有效的填充方法是什么？人们已经知道了少于20个圆的填充方法，但超过20个，我们就不太清楚该如何填充了。有人曾提出了一些填充效果很好的方法，但却无法证明这些方法是最优的。我们知道，5×5方阵明显是堆积25个圆的最有效方法，同样的方法也适用于36个圆。但是，在将49个圆堆积到正方形中时，有好几种方法都比7×7方阵更有效。这种情况应该不会令人惊讶，毕竟我们知道，在无限平面中，六重堆积的效果比正方形好。所以在把圆放进非常大的方框中时，最有效的方法就是用蜂窝图形填充方框的大部分区域，然后对边缘附近的圆稍做调整即可。

蜂窝还有另一个重要属性。假设你想把平面分成许多大小相等的区域，同时保持总面积不变的情况下，总周长尽可能地小。也就是说，你想用最少的肥皂制造出尽可能多的二维肥皂泡。长期以来，人们一直认为这样的肥皂泡应该是六边形的，肥皂应该形成蜂窝的图形。（我说的"长期以来"是指自公元前1世纪以来。当时罗马人马库斯·特雷恩蒂乌斯·瓦罗认为，之所以形成这种结构，是因为这样消耗的蜂蜡最少。）

如果所有区域都必须形状相同、大小相等，蜂窝就是正确答案。然而，没有任何证据表明所有区域都应该形状相同，数学家在研究

我们可以把相同的立方体堆积起来填充整
个空间，更复杂的形状也可以实现这个目
的。然而，把球体堆积到一起，无论如何
都会留下空隙。蔬菜水果商都知道如何有
效地把橙子堆起来，所以当人们得知数学
家花了 350 多年的时间思考蔬菜水果商的
做法是否正确的时候，往往会大吃一惊。
难点在于，如何证明其他排列方法都无法
让这些橙子堆积得更加紧密。20 世纪末，
水果商的直觉最终被证明是正确的，但证
明过程需要计算机的辅助

三维空间的密堆积时也因为类似问题而遇到了麻烦。体积相同时，最有效的三维泡沫是什么样的？这些区域的形状都相同吗？物理学家威廉·汤普森（即后来的开尔文勋爵）在1887年提出了同样的问题。然而，他考虑的不是泡沫，而是"以太"结构。当时的人认为，空间里充斥着一种叫作以太的难以捉摸的介质，可以传播光波。开尔文断定这些区域的形状都应该是十四面体，即一共有14个面的多面体。

开尔文的猜想无人质疑，直到1994年，数学家丹尼斯·惠尔和罗伯特·费伦才发现，把泡沫制成两种形状，就可以把总体积减小0.3%。我们不知道他们的建议是不是最有效的，但我们可以确定，运用他们的方法——用计算机大规模搜索各种可能性——已找不到更好的答案。这个违反直觉的发现有一个副作用，数学家再次担心起二维空间的情况：最有效泡沫占据的区域是否必须具有相同的形状？ 1999年，美国数学家托马斯·黑尔斯表示，我们没有必要担心。这一次，直觉胜利了，答案是一个响亮的"是"——由相同六边形构成的蜂窝结构。而且他在证明过程中根本没有用到计算机，这为人类的思维能力献上了一曲响彻云霄的赞歌。

五次对称性的局限

在晶体学中，6是一个神奇的数字。它是二维和三维空间中晶格旋转对称性可以达到的最高次数。二维物体可以具有七次对称性和更高的旋转对称性，有7、8、9甚至更多条边的正多边形就是最简单的例子。然而，具有这种对称性的物体不可能是晶格。更有趣的是，二维或三维空间中的晶格都不可能具有五次旋转对称性，这些晶格对称性的次数只能是 2、3、4 和 6。这就是著名的晶体局限定理。19 世纪早期，业余矿物学家勒内·茹斯特·阿羽依第一次明确提出了这个概念。所以，数字 5 在晶体学中也是一个神奇的数字，但它代表的是巫术。

古希腊哲学家柏拉图通过研究欧几里得和早期希腊几何学家的著作，得知正多面体一共有 5 种，即正四面体、立方体、正八面体、正

古希腊人知道正多面体有 5 种，欧几里得证明这是正确的。这 5 种正多面体分别是正四面体、立方体、正八面体、正十二面体和正二十面体。所有正多面体都高度对称。例如，立方体可以绕它的三个轴中的任意一个旋转 90 度的整数倍，然后仍然占据它最初的空间区域。晶体的形状可以是某些正多面体，但不能形成所有的正多面体。三次、四次和六次对称在晶体中很常见，但是，正十二面体等有五次对称性的形状是无法形成晶格的

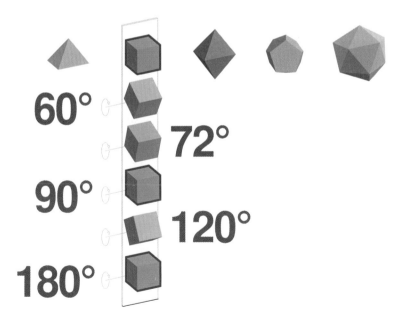

十二面体和正二十面体。这些形状的各个面都是平面的正多边形，形状一模一样，在各个顶点周围的排列方式也相同。例如，立方体有6个面，每个面都是一模一样的正方形，每个顶点都是三个面的交点，每两个面的夹角都是直角。

旋转对称的"阶"是指回归最初状态所需的旋转次数。二阶是180度旋转，三阶是120度旋转，四阶是90度旋转，五阶是72度旋转，六阶是60度旋转。例如，正四面体呈二阶和三阶旋转对称，立方体和正八面体呈二、三和四阶旋转对称，正十二面体和正二十面体呈二、三和五阶旋转对称。所以，高度对称、具有五次旋转对称性的三维物体的确存在。

晶体的形状可能是六面体（食盐）、八面体和四面体。但是，晶体不可能是十二面体或二十面体，因为晶体局限定理将五次对称性排除在外。这些多面体之所以如此美丽，正是因为这个动人但是被排除在外的五次对称性，实在有些遗憾。

柏拉图痴迷于数字神秘主义，他将正四面体与火，立方体与土，正八面体与气，正二十面体与水联系在一起。古人认为火、土、气和水是组成宇宙万物的四大元素。剩下的正十二面体是什么呢？柏拉图把它与整个宇宙联系在一起。

我们很容易理解为什么二维或三维网格中不能出现五次对称。为了证明它的正确性，我们可以做一个相反的假设，即假设存在具有五次对称性的晶格。晶格的几何形状确定之后，任意两个格点之间的距离就一定有一个最小值，因此必然有两个格点之间的距离小于或等于任意两个不同格点间的距离。现在，我们假设这个晶格具有五次对称性，这意味着每个格点都被另一个格点的5个镜像所包围，也就是被另一个格点本身以及该格点旋转 72 度的整数倍后的镜像包围。运用初等几何就可以证明，必然存在这样两个格点，它们分别是某两个原始格点的 5 个镜像中的一个，而且这两个格点间的距离小于两个原始格点间的距离。但是，我们知道这是不可能的，因为我们已事先假设这两个原始格点的距离最小。

数学家知道，如果一个假设存在逻辑上的矛盾，那么这个假设一定是错的。否则，数学本身就会包含逻辑上的矛盾，数学推崇的证明方法也将土崩瓦解。欧几里得把这种证明方法称作归谬法。20 世纪早期的杰出数学家戈弗雷·哈罗德·哈代把它比作象棋开局时主动弃子以期获得长远战略优势的布局策略，"这个开局策略比象棋中任何弃子开局都要高明得多。棋手弃掉的可能只是一个兵，也有可能是其他棋子，但数学家弃掉的是整个棋局"。

运用这个方法之后，数学家最后发现原来的假设（即假设存在具有五次对称性的晶格）是不成立的。这显然意味着不可能存在具有五次对称性的晶格。就这样，数学家成功地证明了某种不可能性。

让人困惑的晶体

马丁·加德纳于 1977 年 1 月为《科学美国人》(*Scientific American*)"数学游戏"专栏撰写的文章，即便按照优秀作者的高标准，也堪称经典之作。这篇文章称，牛津大学物理学家罗杰·彭罗斯将晶体学推到了崩溃的边缘，因为他利用五边形设计出了一系列引人注目的镶嵌图形。起初，这些图形引起了理论数学家的兴趣，并认为它在实际应用方面没有任何价值。直到1984年人们才发现，原来大自然一直在利用彭罗斯的这种镶嵌方法，只不过是在三维空间中。从此，情况发生了彻底的变化，并直接推动了准晶体这种新型固体形式的发现。

彭罗斯的"瓷砖"有两种形状，分别是"风筝"和"飞镖"，是通过将五边形切割成简单的碎片得到的。风筝是五边形的1/5，飞镖与风筝结合就会形成一个菱形。一组风筝再加上一组飞镖，就可以组合成无数种平面镶嵌图形。其中，太阳图形的中心位置有5个风筝，正好形成了正五边形，因此这种图形具有完美的五次对称性。此外，星星图形的中间有5个飞镖，同样具有五次对称性。

然而，彭罗斯的这些图形并没有违反晶体学定律，因为它们都不是网格结构。在彭罗斯做出这个史诗般的发现之前，没有人知道竟然存在与晶格如此接近的结构。彭罗斯镶嵌不会形成循环，但会形成准循环，也就是说，图案中的任意部分会重复出现，但它们不会形成严格意义上的规律性。尽管利用风筝和飞镖覆盖平面时可以产生无数种可能的图形，但它们都是局部同构，也就是说，某个镶嵌图形中的任何有限子集都会出现在其他地方，并有可能在所有图形中重复出现。如果你置身于一个彭罗斯图形中，并且你只能探索有限的区域，那么你将无法判断这到底是哪种图形。彭罗斯图形的另一个优雅属性与黄金分割数1.618 034有关。这是连续两个斐波那契数的比（例如34/21，55/34）的极限值。在彭罗斯图形的有限区域中，随着该区域的大小趋于无穷大，风筝与飞镖的数量比趋近于黄金分割数。一夜之间，全世界涌现出大量与彭罗斯图形十分相似的非周期性镶嵌图形，有的图形其实就是以巧妙的方式重新表现彭罗斯的原始系统。彭罗斯自己也意识到"瓷砖"形状还可以换成两种不同的菱形，但边与边拼接时需要遵循特殊的"匹配规则"。后来，甚至出现了基于八次对称和十二次对称的镶嵌图形。最后，人们还发现了具有二十面体对称性的三维空间镶嵌图形。由此可见，一旦新的数学思想出现之后，全世界的数学家就会蜂拥而上，归纳出基本特征，然后尽可能地发掘各种变体。

1984 年，晶体学家丹尼尔·施特曼等人宣布，他们使用 X 射线晶体学技术分析了一种特殊的铝锰合金。这种技术是研究晶体原子结构的一种常用方法，可以根据衍射图样的对称性确定晶体的基础晶格结构。结果，他们发现这种特殊合金的衍射图样具有二十面体对称性。因为正二十面体具有五次旋转对称性，所以根据晶体局限定理可知，无论这种合金的原子结构是什么，都不会是传统的晶格。事实证明，

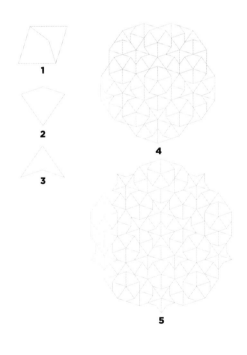

物理学家罗杰·彭罗斯发现，一旦对严谨的晶格对称放松要求，就会产生具有五次对称的"晶体"图形。例如，我们从内角为 72 度和 108 度的菱形（1）开始，将其分为风筝（2）和飞镖（3）这两个形状。接下来，就可以通过多种方式，利用风筝和飞镖完成平面镶嵌。其中，太阳（4）和星星（5）这两种图形具有完美的五次对称性。所有图形都会表现出些许五次对称的特点。后来，人们发现这些"准晶格"图形有很多变体，包括一些三维图形。人们还发现了准晶体这种新的物质形态。处于这种形态时，原子一定是按准晶格图形排列的

这种合金的原子形成了一种三维彭罗斯图形，不是周期性排列，而是一种准周期性排列。

这种新的物质形式很快就被命名为准晶体。后来，研究人员又发现了其他准晶体，例如在铝、锂和铜的合金中，每个铜原子都会结合6个铝原子和3个锂原子。

这个故事告诉我们：数学模型有局限性。哪些行为是允许的，取决于模型受到哪些限制条件。大自然操控的都是真实事物，而不是模型，所以不一定会遵从数学家认为合适的限制条件。有趣的是，我们先对彭罗斯图形进行了深入细致的纯数学研究，在理解了这些图形之后，才发现自然界已经打破了晶体结构的局限性。数学从自然中汲取了很多灵感，但人类的想象力也需要发挥重要作用。想象力对大自然无益，无论彭罗斯是否设计出了那些镶嵌图形，合金都会创造出准晶体，但对我们来说，想象力非常重要。

第 8 章
斑点与条纹

在抽象派画家的眼中，有的动物在四处走动时，身上披着的就是墙纸——毛茸茸的墙纸。它们的斑纹具有晶格对称性，但单数的胃或脚会多多少少破坏这种对称性。苏格兰动物学家达西·汤普森在他的著作《生长与形态》（*On Growth and Form*）中写道："斑马披上条纹，以便在草原上吃草时不被发现；老虎条纹的作用是在丛林中潜伏时不被发现；蝴蝶鱼和雀鲷披上带状斑纹之后，身体颜色与它们栖身的珊瑚礁更加接近；狮子的毛发是茶色的，与沙漠中的黄沙非常相似；豹身上带有斑点，以便在树枝上蜷伏时，可以与阳光下参差斑驳的枝叶融为一体。"

我们都知道豹无法改变自己身上的斑点，那么这些斑点最初是如何形成的？斑马身上的条纹又是怎么来的呢？这些图形到底有什么用途呢？

有的可能与进化有关。独特的标记可以让一个物种与其他物种区分开来，这在寻找配偶时很有用，还可以在躲避捕食者时发挥重要的作用。鸟类身上华丽的斑纹，有的（例如孔雀的羽毛和极乐鸟极富美感的彩色卷曲羽毛和翎）明显是通过性选择进化而来的。在进化过程中，雌鸟对某些雄性特征随机产生的轻微偏好被一个正反馈回路放

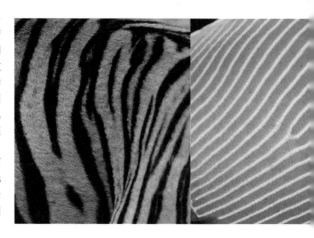

动物界也有晶格对称，尽管它们的规整程度比不上我们在晶体中发现的那些。条纹（这里指一种理想化的数学表示）对应的是平面上最简单的晶格图形——交替出现的色带。条纹在自然界中随处可见，老虎、鱼、蝴蝶、斑马身上都有条纹。数学可以帮助我们了解条纹和其他斑纹是如何形成的，找到条纹在生物中如此常见的原因

大，促使雄鸟的羽毛变得越来越多。事实上，背负过多羽毛的雄鸟的存活难度越大，雌鸟就越有可能偏好这种特征，因为可以应对如此巨大"缺陷"的雄鸟肯定拥有非常"好的基因"。但是，进化是一个漫长的过程，诸如此类的推测大多不可能得到科学的证明，所以我们至多把它们视为一种指导准则。

条纹非常醒目，易于识别。许多动物，例如斑马、老虎、野猪幼崽和浣熊，身上都有条纹，在动物界的其他地方也能看到条纹，尤其是在贝类身上。最大型的锁眼帽贝就是带条纹的圆锥体。它的顶部有一个小孔，整个结构就像马戏团的帐篷，从圆锥体顶部开始长有棕色和白色的放射状条纹。印度洋和太平洋中有一种布纹鬓螺，它的条纹与身体的螺纹相互垂直；加勒比海中有一种布纹鬓螺的近亲——苏格兰鬓螺，但它的条纹与螺纹平行。贝类身上的条纹有垂直与平行两种典型的方向。回旋形的蛙螺看似长了很多条纹，但实际上只有一条棕色条纹和一条白色条纹依据身体形状盘旋。澳大利亚南部沙滩上有一种艾略特涡螺，通体呈灰白色，长有间距较大的细棕色条纹。西非的

勋章芋螺长有断断续续的黑色条纹，看似一条条虚线。

最喜欢把条纹作为装饰的是热带鱼，它们对条纹的青睐已经到了无以复加的地步。蓝仿石鲈长有漂亮的蓝色纵向波浪形条纹，它们的身体基色为黄色，边缘呈黑色。法国神仙鱼身体呈黑色，上面有 6 条黄色横向细纹。大西洋军士长是一种银色的鱼，有 5 条黑色的横向条纹。看起来脾气暴躁的条纹石斑鱼是一种浅灰色的鱼，身上有深灰色的横向条纹，而尖尖的头部有纵向条纹。金鳞鱼的身体基本上呈红色，上面有白色纵向细纹。黄尾石首鱼似乎无法下定决心，因为它有两个方向的条纹——纵向蓝色细纹与黑白条纹相互垂直。

条纹到底是什么？一种可能的答案是：条纹在某种意义上是平面上最简单的图案。的确如此，一组条纹其实就是由两种不同颜色交替横向涂抹以覆盖整个平面的一维图案。如果是这样，数学家在研究条纹时就可以把它们全部简化成一维的横截面。

他们确实也是这样做的。

斑点

　　斑点的几何复杂度排在条纹之后。很多贝壳带有斑点，例如花鹿宝螺。热带鱼身上也经常可见斑点，例如斑点硬鳞鱼、黄尾蓝魔鱼。有条纹的动物通常与有斑点的动物存在近亲关系，例如大型猫科动物。众所周知，豹、猎豹、美洲虎、虎猫和雪豹的身上都有斑点。仔细观察就会发现，它们的斑点往往有非常复杂的结构。斑点看起来似乎与条纹有某种关系，因为从外观上看，斑点就像断断续续的条纹。

　　猎豹的皮毛呈沙土色，全身上下几乎都点缀着近似圆形的黑色斑点。这些斑点的大小不同，排列得也不太齐整，但都不能说毫无规律可言。它们均匀地分布在猎豹身上，彼此之间的距离大致相同。如果是随机排列的斑点，则有时会聚集在一起，有时又会留下大片空白。

　　认真观察猎豹身上的斑点，你会吃惊地发现，这些斑点有成行排列的趋势。这也许是一种视错觉，但只要看一眼猎豹的尾巴，就会发

自然界的图形绝不只有条纹这一种。斑点同样常见，我们可以在豹、鳐鱼和孔雀等多种动物的身上看到斑点。条纹背后的数学原理也可以用来解释斑点，还可以解释为什么这两种类型的图形经常出现在同一种动物的不同身体部位，甚至可以解释某种图形为什么会出现在某个身体部位

现这种趋势更加强烈。猎豹尾巴根部的斑点形成一个个圈，同一个圈上的斑点间距非常小，但圈与圈之间泾渭分明。如果从尾巴根部向梢部看去，就会发现各个环上的斑点开始重叠、融合，最后所有点合并在一起，形成一个环状条纹。猎豹尾巴大约有一半都装饰着平行的环状条纹。

任何熟悉数学图形形成过程的人都会不由自主地在脑海里产生一个猜想。在一个"正在努力"形成条纹但又不稳定的系统中，我们通常会看到一行行的斑点。我用航海来打个比方吧。我们经常看到一排排的波浪涌上沙滩，然后消失在岸边。我们可以把这一排排海浪看成是由海水形成且不断运动的条纹。如果我们把波浪在海平面以上的部分染成红色，把海平面以下的部分染成蓝色，就会看到平行的红色和蓝色条纹。

数学上经常使用比喻，其作用是突出更重要的相似点。我们之所以用波浪打比方，是因为它表现了一个相似的过程。通过两者的相似点，我们可以找到相同类型的常见图形，因为它们是所有这些过程中

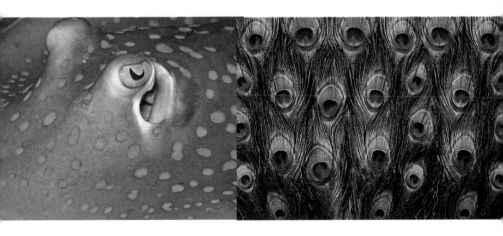

的典型图形。波浪是在一个均匀的底层结构上形成的，海浪的底层结构是平静无波的海平面，为过程提供驱动力的则是水流和海风。斑马条纹的底层结构是色素在毛发中的分布状况，为过程提供驱动力的则是化学作用。在一种情况下，我们看到的是波浪的不同形状，而在另一种情况下，我们看到的是波浪的不同颜色。但从数学上讲，波浪与波浪之间并不存在本质的区别。

条纹

图形的稳定性取决于它对扰动的反应。简单地说，如果在受到干扰时形态不发生变化，就是稳定的图形，否则就是不稳定的图形。线性波（条纹）失去稳定性的一个常见表现是产生涟漪并随波而行。条纹的两条边缘本来是平行的，但在产生涟漪之后会变成波纹状，间距或大或小，交替出现。随后，波浪的狭窄部分会彻底瓦解，整条波浪会分解成一长串的块状结构。猎豹尾巴附近的斑点就具有这个特点，它身上的其他地方也能找到类似现象。然而，造成猎豹条纹不稳定性的原因是化学作用，而不是流体的动态变化。

豹身上的斑点排列成长长的线状结构，也可能是相同的一般性图形形成机制作用的结果。豹的每个斑点都具有非常独特的形态，这充分说明我们对具体细节并不了解（在豹的身上起作用的化学作用到底是什么）。豹的皮毛基色是明亮的沙土色，斑点中心呈棕色，周围乍一看有一个黑色的环，但这个环其实是块状结构，通常由三四个黑色的点组成。雪豹的颜色明显不同，主要呈灰色和浅黄色，但同它的近亲一样，雪豹的斑点结构也较为复杂。

任何针对动物斑纹的数学理论都必须考虑并解释这些现象。

波

条纹和斑点之间的关系表明，我们可以通过研究波的数学特性去了解让人难以捉摸的雪花。动物斑纹可能是化学物质形成的波，但是波有一个重要的特点：它的通用数学特征适用于所有波。因此，我们可以充分利用数学的一个重要特点——技术可转移性。

我们可以观察某一种波，最好是易被理想化的波，以便通过实验和思考，推导出对其他波（包括那些理解难度极大的波）同样适用的原理。这句话听起来有点儿极端，但每个数学家都知道，流体流动的方程式与可扩散化学物质的方程式有很大不同。尽管如此，它们之间还是有一些深层次的共性，其中最稳健的就是对称性对图形形成过程的影响。

我举一个例子，海洋与沙丘是迥然不同的两个物理系统。在一大片平坦的正方形流体（数学家的理想化海洋）中，最常见的图形是一组平行的波。在一大片平坦的正方形沙地（数学家的理想化沙漠）中，最常见的图形是一组平行的沙丘。在一大片平坦的正方形流体中，次常见的图形是由波峰和波谷组成的"点"状网格，而沙漠中次常见的图形是由新月形沙丘组成的"点"状网格。可以看到，它们的相似性非常明显，已经超出了比喻的范畴。在进行理想化处理时，这两个系统都有相同的对称性，这表明它们的图形源自同一个数学规律。

　　两者非常相似，如果借助合适的实验仪器，就会发现其相似程度更高。19世纪末，法国科学家莫里斯·库埃特向科学界介绍了一个有趣的实验。他将两个圆柱体套在一起，中间装上流体，然后让里面的圆柱体不停地旋转。后来，英国应用数学家杰弗里·英格拉姆·泰勒改进了库埃特的创意，所以这个实验现在被称为库埃特–泰勒实验。我们可以把圆柱体看作卷起来的正方形，而且只要我们专注于研究周期图形，数学家的这种重新解读就仍处于原来的图形范围内。

　　库埃特感兴趣的是一种非常单调的图形——没有图形。当圆筒缓慢旋转时，就会发生这种情况。转速加快后，正如泰勒预期的那样，流体会形成大量环状旋涡（现在被称作泰勒涡）。转速进一步加快后，

在数学上，沙漠中的沙丘可以简化
成平面上的波浪图形

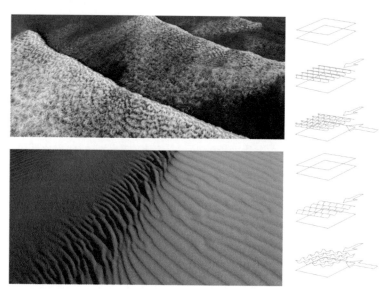

这些旋涡会变成波浪形（实际上，它们开始分裂成点状结构）。后来，实验人员让外部圆柱体也旋转起来，结果发现，如果它的转向与内部圆柱体相反，就会产生向外发散的螺旋波，与理发店门口灯柱的旋转条纹十分相似。此外，流体还产生了其他的迷人的图形，例如波浪形旋涡、扭曲的旋涡、相互交叉的螺旋，甚至还有螺旋形乱流。然而，要达到我们的目的，以上两种图形就足够了。

　　我们可以把这个数学方法应用到对沙丘的研究上。我们想象把圆柱体垂直切开，然后展开，使之变成一个薄片，但所有图形都完整地保留下来。我们会得到什么呢？单调、没有任何图形的库埃特流体变成了单调、没有任何图形的沙漠——没有沙丘的平坦沙漠。大量的泰勒涡变成了条纹——一排排平行的沙堆，即横向沙丘；波浪形旋涡变成了新月形沙丘——断裂的条纹；螺旋形旋涡则变成了按一定角度排列的条纹，人们称之为线性沙丘或塞夫沙丘。

　　在把这个类比转化为严谨的科学之前，有很多技术问题需要解

条件不同，波浪图形也会不同。图形取决于风的速度和方向，同样的图形可以出现在迥然不同的物理领域。在库埃特-泰勒实验中，流体被夹在两个转动的圆柱体之间。旋转速度不同，产生的图形也不同。该系统的基本对称性与沙丘相同，要看清这一点，我们必须把圆柱体切开，然后展开，让它变成一个平面。此时，旋转的效果和风从平面上吹过的效果一样

决，其中最重要的一点是还没有人提出任何令人满意、可信度高的沙丘方程式，但实质上，这其中远不止一个视觉双关。这种类比方法适用于包括液晶、幻视在内的所有图形形成系统，但需要考虑另外一些技术性更强的数学问题。最重要的是，系统的对称性有助于我们判断系统是否可以形成某些图形。在详细掌握物理特性的基础上进行更加细致、认真的分析研究，就会知道哪些可能的图形会出现，以及会在何种情况下出现。这样，我们就可以同时得到统一性和多样性。

天气图形

　　与库埃特-泰勒实验一样，流体层被加热时也会出现一些非常相似的图形。流体受热后密度变小，因此会向上运动。那么，从下方不均匀地加热一个流体薄层，会发生什么现象呢？流体不会全部上升，否则它就直接升空了。相反，超过临界温度后，某些区域的流体会向上流动，并在升到流体层顶部后冷却下来；而在另外一些区域，低温流体流回底部，并在加热后继续上述循环过程。贝纳实验再现了这个情景，从而证明流体可以形成条纹、棋盘、蜂巢等图形。

　　流体受热后有流动的趋势，这种现象叫作对流，对流时形成的那些区域被称作对流单体。对流是天气系统的一个主要特点，其所需的热量来自太阳。

　　因为我们的目标是了解雪花的形成过程，所以有必要对天气图形及其成因稍加了解。

　　当涉及的面积比较小时，我们可以认为地球是平坦的。大气层的厚度比较薄，地球自转产生日夜交替，大气随之时热时冷，为风的形成创造了条件。白天的太阳使空气温度升高，但在夜幕降临、太阳下山之后，大气中的热量就会被辐射回太空。大气是气体和水蒸气的混合物（现在，大气中还有大量污染物），天气状况就是大气遵循物理定律发生的各种变化。

　　物理定律似乎赋予了大气强大的自主权。

　　地球表面并不平整，因此天气还会受到地形的影响。风从山脉顶部掠过时，通常会在背风处形成一系列波浪——空气沿正弦曲线上下流动。曲线的波峰处有时会形成云，最终变成一条条与山脉平行的云纹，即所谓的波状云。

　　积云这种最常见的云是大气中的对流单体作用的结果。靠近地面的暖空气从植被、河流和湖泊中吸收水分，然后上升。但是大气的上部区域温度较低，冷空气吸收水分的能力不及暖空气，所以部分水分冷凝，形成一团团羊毛状的白云。空气冷却到一定程度后便不再上升，这就是所谓的逆温效应。如果逆温现象发生在 5 000 英尺左右的高空（这种情况在夏天比较常见），就有可能形成又短又宽的积云，也就是晴天积云。在没有发生逆温现象时，云的高度可以达到 1 万英尺，在这种情况下，它的顶部就可能形成冰晶。当对流旋涡携带的冰进入温度较高的低空时，冰就会融化，然后下落，形成阵雨。在更极端的情况下，云可以升得更高：在温带地区的高度可达 5 英里，在热带地区的高度可达 9 英里，然后形成积雨云。积雨云是一种典型的雷雨云，它的顶部向外扩散，形成密集的卷云（冰云）。由于卷云无法进一步升高，顶部被大风吹散后，通常会形成平坦的砧状云。云层顶

部的水蒸气可以凝结成冰晶，还可以进一步形成坚硬的冰粒。这些冰粒如果落到地面上就是冰雹，如果在下落过程中融化就是雨。冰雹通常是层状结构，就像洋葱一样，这可能是因为冰雹在云中穿行了好几次，每次穿行都会再裹上一层冰。

在风暴云中循环的除了水和冰以外还有别的东西，其中最值得关注的是电。云的顶部会产生强烈的正电荷，而较低的区域则大多带有负电荷，只有零星的小块云带有正电荷（这种现象通常发生在雨水最充沛的地区）。随着电压不断增大，最终这些电荷会找到一个宣泄口——一道闪电出现在云层之中，或者从云层劈向地面。空气的突然位移会产生冲击波——雷。有时，大气的温度非常低，雪就会从天而降，而不是雨。这个事实清楚地表明，雪花的形成过程不止涉及一个图形，也不止在一个层面上发生。

暖空气会向上升，但不会整体上升。相反，
暖空气会分解成若干对流单体。每个对流
单体中心位置的暖空气会上升，边缘的空
气会下降。这种大气环流图形是云形成的
一个原因。另一种常见的天气图形是山脉
背风处形成的平行排列的云。山脉让大气
产生波浪状起伏，波峰处空气中的水分冷
凝，就会形成云

图灵的老虎

　　至此，我们已经知道云中的条纹和斑点是由纯粹的物理过程形成
的，遵循的是数学规则。而动物的斑纹还涉及生物过程，这些斑纹是
由色素形成的图案，色素是由基因组成的蛋白质，所以老虎的条纹和
豹的斑点的化学成分肯定取决于基因。尽管如此，我们仍然可以认为
这些图形本身，或者至少是现有的一般图形以及决定图形形成过程的
原理，都受到基因与数学规则的共同制约。

　　1956年，数学逻辑学家阿兰·图灵借助一系列高度复杂的理论，
证明了某些系统中的化学物质可以同时做出反应，利用组织完成扩
散，从而自发产生某些图形。他把这些化学物质称作成形素，并认为
形态是由它们创造的。这些观点在首次公开时还只是一种假设，但现
实世界为图灵图形提供了一个鲜活的例子，并很快引起了化学家的注

意，这就是所谓的贝洛索夫–扎鲍廷斯基反应。如果将某些化学物质混合并放到一个浅盘里，它们就会形成一团均匀的烂泥状褐色混合物。然而，再过几分钟，就会出现细小的蓝色斑点，斑点的位置似乎没有任何规律。随后，这些蓝色斑点散开，中心变成红色。很快，盘子里就会布满由红色和蓝色化学物质构成的同心圆，也就是所谓的靶纸图形。轻轻摇晃浅盘，这些同心圆又会变成缓慢发散的螺旋。

需要提醒大家的是，大多数动物身上都没有这种图案。但事实证明，图灵的方程式可以产生各种各样的图案，包括条纹、斑点等，甚至还有像豹纹那样的复杂斑点。然而，贝洛索夫–扎鲍廷斯基反应中的图形有一个问题：它们不是静态的，而是动态的。斑马身上的条纹是不会运动的，豹身上的斑点也不会运动。但是，图灵证明，根据化学物质的反应情况和扩散速度，他的方程既可以产生静态图形，也可以产生动态图形。

无论生物图形的真实形成机理是什么，都不会仅指动物皮毛中色素发生的反应和扩散。图形形成肯定是一个多阶段过程，而且，其

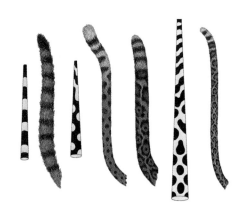

阿兰·图灵用化学物质扩散的数学方程模拟动物斑纹。将他的方程式应用于锥形筒时，形成的图形与豹、美洲虎、猎豹、香猫等大型猫科动物的尾巴非常相似

发生的位置肯定是在胚胎中，而不是在成年动物身上。即使这些图形都没有清晰地表现出来，它们也肯定以某种神秘的形式存在于胚胎之中。对图灵来说，关键在于他的系统形成了正确的图形。如果色素按照平行波的波峰和波谷沉积，就会产生条纹，而更复杂的干扰波系统则可以产生斑点。

　　图灵的早期数学方程与真实的生物特征相距甚远，因此无法提供精确的模型。现代遗传学解释了蛋白质的产生过程，从而在一定程度上解决了这一难题。但它没有解释蛋白质是如何组成有机体的，也没有解释为什么大自然经常对数学图形青睐有加（这个问题非常重要）。最近的研究从这两个角度出发，证明了在许多情况下，图灵的方程与实验的契合程度都高于生物学家更喜欢的竞争理论。

　　要了解这两种方法有何不同，以及它们有哪些不符合现实的地方，我们可以想象一辆车（对应某个正在发育的有机体）穿行在某种地形（代表有机体可能具有的形态，其中山谷对应常见形态，山峰对

图灵方程可以更直接地应用于某些形成图形的化学反应。例如，贝洛索夫–扎鲍廷斯基反应可以自发产生明显的图形：越来越大的圆或向外发散的螺旋

应罕见形态）中。在图灵这种模型中，一旦你发动汽车，它就必须沿着地形的轮廓前进。与此相反，当前观点认为，DNA的作用就是在发育过程中随意发出一系列指令："左转，然后前行100码，再右转……"只要指令正确，汽车就可以到达任何目的地。

但实际上，基因开关指令和自由运行的化学动态缺一不可。如果在某种地形中穿行的汽车只是遵循一系列指示，那么它有可能驶进湖里或者坠落悬崖。与没有任何控制、自由行驶的汽车相比，有人驾驶的汽车在选择目的地方面拥有更大的自由。同样，生物体也不能自主选择任何形态，因为它要受到物理定律和DNA的制约。但DNA指令可以在不同的发育路线之间随意做出选择，前提是这些发育路线全部符合物理定律。控制发育的不只是DNA，也不只是动态。两者相互作用，就像在某种地形中穿行的汽车会不断看到沿途不同地形的特征一样。

黏液菌螺旋

不起眼的黏液菌清楚地说明了问题的本质：重要的不只是基因，基因的行为同样不容忽视。这个低智商的微小生物成功地创造出了蔚为壮观的螺旋图形。基因对这些图形的编码工作进行到了何种程度？有负责螺旋遗传的基因吗？

要回答这个问题，我们先要知道黏液菌是如何形成螺旋的。我们必须清楚，螺旋是集体活动的产物。黏液菌不是一只变形虫，而是一群变形虫。它的生命周期始于一个微小的孢子，这只干瘪的变形虫可以随风飘零，直到它找到一个温暖潮湿的地方才会停下来。然后，它会变回一只真正的变形虫，开始寻找食物。等到体型足够大的时候，它就开始繁殖，身体一分为二。很快，变形虫的数量急剧增加。随着群体越来越大，食物开始供应不足。这时，变形虫会分成几个小群落。同一个小群落里的变形虫聚集在一起，朝着它们共同的目的地前进，并在身后留下雅致的螺旋图形。顺便说一下，这些螺旋向外发散的速度比较缓慢。

随着时间的流逝，这些变形虫变得越来越密集，螺旋状路径也变得越来越紧密。然后，它们会分解成树根或树叶状的溪流图形。溪流不断壮大，越来越多的变形虫涌向同一个方向，堆积到一起，变成大家熟悉的鼻涕虫。鼻涕虫也不是一个生物体，而是一个群落，但从运动方式看就像一个生物体。这个群落需要寻找干燥的"繁殖"场所，

变形虫的算术法则与我们的区别非常大，因为它们通过除法（分裂）处理倍数问题。黏液菌就是一个变形虫群落，它有两种繁殖方式。黏液菌状态的变形虫可以分裂繁殖。它们通常向外扩散，变成一层黏糊糊的薄膜。但是，当变形虫数量过多时，整个群落就会聚集成块。一些变形虫会脱去水分，变成球状结构里的孢子，其余变形虫则变成支持这个球状结构的柄。随后，孢子会随风飘走

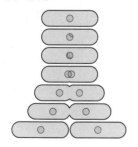

一旦找到一个干燥的地点，它就会紧紧地附着在地面上，然后长出一根长柄，其余变形虫则构成长柄顶端的圆头，果实里的变形虫变成孢子，随风飘走了。于是，新的循环又开始了。

　　整个过程听起来可能有点儿复杂，但这也有可能是一种错觉。数学生物学家托马斯·赫费尔和马丁·布尔里杰斯特发现一组比较简单的数学方程可以产生螺旋和溪流图形。决定这些图形的主要因素是变形虫的数量，变形虫制造环腺苷酸的速度，以及变形虫个体对这种化学物质的敏感性。粗略地说，每一个变形虫都会向它的邻居发送环腺苷酸，"大声宣布"自己的存在。然后，所有变形虫都会朝着呼声最响亮的方向前进。除此之外，其他一切都是这个过程的数学推理结果。

　　数学生物学家科尼利厄斯·维耶尔证明，与之非常相似的方程也可以模拟变形虫的运动方式。这是一个三维问题，答案涉及一种引人注目的三维波，叫作涡旋波。另一位数学生物学家阿特·文弗雷预测，涡旋波可能出现在三维贝洛索夫–扎鲍廷斯基反应中。后来，人们真的在实验中发现了这种波。涡旋波类似于螺旋波，但比后者多一道扭

黏液菌可以"挤成一团"，然后以三维涡旋波的方式四处活动。三维涡旋波可以在化学反应中观察到

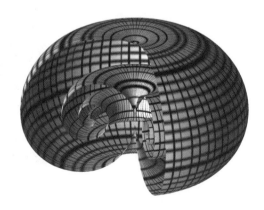

曲变化。涡旋波这个名字非常恰当。我们可以这样想象：把一张纸卷起来，它的横截面就会形成螺旋。接下来，想象这是一张非常坚韧的纸，拉长、弯曲都不会使其产生褶皱。把纸卷的两端连接起来，就会形成一个横截面呈螺旋形的甜甜圈形状。这个"甜甜圈"就是涡旋波。

其实，这个形状与涡旋波非常相似，但并不是真的涡旋波。要得到真的涡旋波，在将纸卷的两端连接起来之前，还需要将其中一端扭曲 360 度。由于整整转了一圈，所以纸卷两端仍然可以连接上，但现在整个环状甜甜圈的螺旋形横截面正好旋转了 360 度。

最后这个变化告诉我们，二维空间中的贝洛索夫–扎鲍廷斯基螺旋不是静态的，而是旋转的。所有这些螺旋形横截面都在步调一致地旋转，这就是涡旋波。它这种奇特的盘旋加扭曲式旋转是变形虫在地面上缓慢前进的必要条件。只有满足这个条件，变形虫才有可能找到安营扎寨的地点，也才能举起它的果实体。

大多数黏液菌的基因只是告诉它们如何成为变形虫。帮助它们形成图形的基因则告诉变形虫如何发出、感知、响应化学信号，但基因并没有具体指定图形。相反，这些图形是由化学信号和变形虫都遵循的数学规则产生的。在黏液菌的生命周期中，数学与基因一样，都是居功至伟的功臣。

动态条纹

旧的理论永远不朽……

多年来，人们一直认为图灵理论可以产生动态图形，但难以产生静态图形，并且认为这是该理论的最大缺陷。化学家千方百计地寻找静态的图灵图形，但徒劳无功。动态图形，例如贝洛索夫–扎鲍廷斯基反应中出现的那些图形，比较常见，而静态图形则毫无头绪。

可是，生物体呈现出来的图形显然都是静态的。这就难办了。

有时生物体也会表现出动态图形，但变化速度非常慢。虽然我们一般不会注意到，但它们确实是动态的。事实上，图灵的模型做出了一个正确的预测：如果这些图形真的是动态图形，那么它们的变化速度也会非常慢。

促使人们的认知发生上述变化的是一种小型热带海洋鱼，即天使鱼属的刺尾鱼。这种鱼的幼体大约有3英寸长，成年后的体长是幼年的3~4倍。刺尾鱼有很多种，它们呈现出的图形各不相同。例如，半环刺尾鱼全身长有弯曲的横向条纹，主刺尾鱼（即皇帝神仙鱼）全身则长有水平条纹。随着时间的推移，这两种鱼都会改变它们的图形。半环刺尾鱼的变化尤其明显，因为这种鱼的幼体只有三条条纹，而成年后的条纹为12条，甚至更多。也就是说，条纹的数量在成长过程中肯定会增加。事实上，这些变化的过程非常奇怪。

我们先找一条长有三条条纹的普通小鱼，然后观察它的成长情

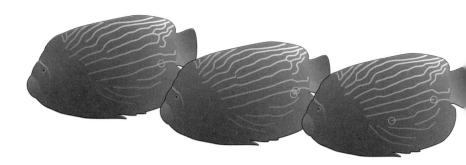

况。起初，条纹会随着鱼的成长而变大，条纹的间距也会加大。如果条纹图形一成不变，那么这种变化肯定在你的意料之中。但在这个过程中，新条纹慢慢出现在原来的条纹之间，使条纹间距恢复到之前的水平。新条纹刚开始时比原来的条纹细，但它们会逐渐变粗。当鱼的体长达到3英寸左右时，同样的过程会再次上演。

　　日本数学生物学家近藤茂和康喜范利用反应扩散方程模拟了这些变化可能产生的结果。他们的模型只涉及两种化学物质，并假定底层组织是由一排细胞构成的，其中一些细胞会不断自我复制。模型显示的结果是一种非常自然的条纹图形：条纹的数量保持不变，间距加大，但在组织变得足够大后，原有的波浪状条纹之间就会出现新的条纹，使条纹数量加倍。这和图灵对鱼的预测结果是一致的。

　　皇帝神仙鱼的水平条纹的变化更富戏剧性。这种鱼在发育过程中还会长出更多条纹，但有的新条纹会分叉，就像拉开的拉链一样。物

在某些情况下，图灵方程可以预测动态的条纹图形，而不是静态的条纹图形。动物身上有动态条纹吗？似乎不大可能。然而，日本科学家的观察结果表明，皇帝神仙鱼身上的条纹实际上是动态的，迁移周期为数周时间。不仅如此，这些图形的分解与聚合等变化与图灵方程的预测完全一致

理学家把这种波形重排现象称作"位错"，它在很多系统中都很常见。例如，反应扩散系统就会发生这种现象。把条纹比喻成拉开的拉链，有点儿过于简单化了，因为这个说法表明一条条纹通过 Y 形分叉变成了两条。这的确是一种方式，但有的位错非常复杂，条纹会通过断开、重新连接等方式完成结构重排，近藤茂和康喜范也观察到了这些现象。他们通过观察鱼的条纹间距，对他们假设的成形素（决定身体形状的物质）的扩散速度进行了估算。他们发现，如果所有成形素都是同一种蛋白质分子，估算结果就不会超出预期的范围。

因此，天使鱼条纹图形的变化与一般类型的图灵数学方程是一致的，重要的是，如果那些图形是基因开关利用细胞一点一点制造出来的，那么我们应该无法观察到这些变化。因此，肯定有某个数学过程在依据物理和化学定律发挥作用，基因则负责在两者之间来回切换。

然而，我们还不清楚它是否会形成图灵猜想的那种图形——化学物质形成的扩散波。图灵方程模拟的可能是基因开关在有机体上的大致运行情况。在体育场内，很多观众一看到他们左边的人站起来挥舞胳膊，就会站起来做同样的动作。于是，整个体育场就会形成人浪，但所有人最后仍然坐在原来的座位上。人们并没有传递任何物质性的东西。因此，图灵图形可能是遗传规划的结果，而不是源于化学物质的反应和扩散。没关系，因为图形没有发生变化。

数学与美

在继续下面的内容之前，我们先做一个简单的回顾。

小时候，我被雪花的美丽吸引，现在我想借助数学解开其中的奥秘。这样做明智吗？

把"数学"和"美"相提并论，似乎有些令人吃惊。在大多数人心目中，数学就是一页页复杂的求和运算，与美似乎没有多大关系。相信我，我也有同感。但那些东西其实都是算术，而不是数学（对于数学，我是非常热爱的）。五线谱、十六分音符与一支贝多芬交响曲并不是一回事，同理，书上的那些符号也不能代表数学中蕴含的真正的美。数学的美不在于它的符号，而在于它的思想；不在于键盘上的五指练习，而在于演奏出来的交响曲。

数学的美似乎有两种，即逻辑美和视觉美。哲学家兼数学家伯特兰·罗素说过，数学有一种"冷峻朴素"的美，他指的是数学的逻辑美。对罗素的同道中人而言，数学证明就是逻辑学中的交响乐。这种美是知性的，门外汉难以领略。

相比之下，视觉美即使对一个不经意的观察者来说，也能产生非常直接的效果。本书包含大量引人注目的数学形状和图形。雪花就蕴含着数学之美，雪花的对称性和复杂性令人神往，这正是数学的精髓所在。

数学与美的关系是真实的，但却难以捉摸。我们似乎不可能发明一种美丽微积分（这也并不是说某些勇敢无畏、敢于冒险的家伙已经望而却步了）。此外，理想化的数学图形与自然世界及精美的艺术品做比较时，往往显得过于规整。尽管如此，我们的视觉感官似乎仍然为对称这种重复性的复杂图形深深吸引。在我们的周围，包括墙纸、窗帘、地毯、室内装潢、陶器乃至建筑物上，这样的图形随处可见。

我们的感官为什么如此青睐对称呢？

数百万年前，包含水、几棵树、几只动物以及远山的地形都具有生存价值。但今天，我们欣赏的是它的美景

　　人类的大脑似乎喜欢重复，至少有一定的偏好。例如，孩子们喜欢反复听同一个故事。从底层结构看，音乐就是有节奏地重复一组声音；从顶层结构看，我们可以听出音乐的主题和变化，以及交织在一起的重复性图形。在我们这个世界，大脑通过进化得到了图形识别能力，这可以提高我们的生存能力。对季节交替的了解，有助于人们全年都能找到食物；借助图形识别，我们可以将蛇与藤蔓、黄蜂与蝴蝶

区分开来。

我们的大脑是由大量彼此之间可以交流的模块组成的，这些模块因为有助于人类的生存而不断进化。我们对美的感受和我们的数学能力是这些模块机能的副产品。最近，有人就不同国家的人喜欢什么样的绘画这个问题在网上做了一个调查。除一个国家（荷兰）以外，所有国家的人都喜欢包含水、远山、动物和几棵树的风景画。英国人喜欢的画中动物是牛，肯尼亚人喜欢的则是河马，但总体偏好没有区别。

更深入的研究发现，大多数人都能迅速识别出这样的场景。人们认为这种能力可能源自一种内在反射，即思维短路，就像有物体高速逼近眼前时我们会闭上双眼一样。因为快速反应比精确反应更有价值，所以这类反应在不断进化。

那么，风景画有什么生存价值呢？答案是：安全。上述风景画包含早期人类所需的所有要素：食物、水、避难所。你可以躲到树上，但不希望树的数量太多，以免食肉动物很容易找到潜伏的位置。

这个解释很有道理。无论对错，它都说明我们的审美意识很奇怪，还说明这种意识与我们对特定图形的偏好及识别这些图形的能力有关。数学是一种系统技能，从一定程度看它也是一种有意识的活动，我们发明这项技能的目的是更好地利用我们高度进化的图形识别能力。因此，认为数学与美之间存在紧密联系的观点，绝对是有道理的。

尽管已经讨论了很多种不同的图形，但我们依然任重道远。到目前为止，我们讨论的几乎都是平面结构，而雪花的关键要素之一是冰的三维晶体结构。三维空间的情况要复杂得多。三维对称的组分和二维对称相同，所以我们可以充分利用我们的直觉。然而，三维对称的组分可以有新的组合方式。

现在，我们需要再次回顾古希腊几何学的一个突出亮点——正多面体的分类。但是这一次，我们将关注它们的对称性。前文说过，古希腊人可以证明正多面体一共有 5 种：由 4 个等边三角形构成的正四面体，由 6 个正方形构成的立方体，由 8 个等边三角形构成的正八面体，由 12 个正五边形构成的正十二面体，由 20 个等边三角形构成的正二十面体。不仅如此，古希腊数学家还取得了一项令人惊叹不已的成果，他们成功地证明了不存在任何其他正多面体。这些事实汇聚为古希腊几何学的巅峰之作——欧几里得的《几何原本》（ Elements ）。

但对希腊人来说，这个分类不过就是一些可能的结构。现代数学把它重新定义为可能的对称类型，可见它的影响是不可估量的。

我们以立方体这个最常见的正多面体为例，看看这个分类法到底涉及哪些问题。立方体有多少种对称操作？分别是什么？立方体是一

个加强版的正方形，所以我们可以从正方形出发寻找灵感。正方形有
4种旋转对称方式（旋转角分别是0度、90度、180度和270度）和4
种反射对称方式（分别关于中心轴和对角线对称）。我们可以将这8种
对称方式应用到立方体上，先选择立方体的一个面（肯定是正方形），
然后移动整个立方体以再现这个正方形的对称性。为便于说明，假设
我们选定的正方形是红色的。要旋转这个红色的面，就必须旋转整个
立方体；要反射这个红色的面，也必须反射整个立方体。到目前为
止，没有任何问题，但有一些关键的不同点。在二维空间中，旋转
需要确定一个点，然后让整个结构围绕这个点旋转。而在三维空间
中，旋转需要确定一条直线，即旋转轴，然后让整个结构围绕旋转
轴旋转。在二维空间中，形成反射需要把一条直线当作一面镜子；
而在三维空间中，形成反射需要把一个平面当作一面镜子。然而，

对称性数学研究的一个最简单的应用，就是计算一个形状
有多少种对称方式。例如，立方体有48种对称方式。正
方形的8种对称方式（包括4种旋转对称方式和4种反射
对称方式）适用于立方体的任意一个面。然后，我们可以
让立方体（6个面）的任意一个面占据前面那个面所在的
位置。因此，立方体共有$8 \times 6 = 48$种对称方式

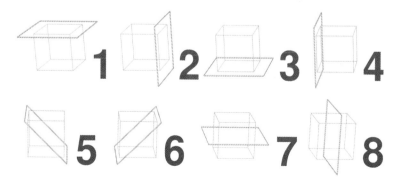

除了这些不同点以外，其他方面完全相同。

可见，立方体至少有8种对称方式，而且从本质上看都与那个红色的面具有的对称方式相同。只有这些吗？当然不是。正多面体之所以吸引人，就是因为它所有面的地位都相同。从其他5个面中任选一个并涂成蓝色，然后旋转立方体，使它占据红色那一面原本的位置。此时，有4种旋转方式和4种反射方式都可以让这个蓝色的面继续占据这个新位置。也就是说，现在我们又为立方体找到了8种新的对称方式。同理，每个面都可以为立方体贡献8种对称方式。立方体有6个面，所以它共有48种对称方式。这才是立方体的全部对称性。

利用同样的方法可知，正八面体也有48种对称方式，正四面体有24种，正十二面体和正二十面体各有120种。

大自然利用了所有这些对称。食盐晶体是微型立方体，石英晶体有可能是正八面体。甲烷分子是正四面体，其中心有一个碳原子，4个角各有一个氢原子。包括水痘在内的许多病毒都是正二十面体，我们稍后可以了解到个中原因。在1872—1876年参加挑战者号科考队的恩斯特·海克尔创作过几幅描绘放射虫的画。放射虫是一种微型海洋生物，具有类似硅酸

晶体的外形通常是对称的，这些对称性反映了晶体原子晶格的深层对称性。
晶体学这一科学领域曾为对称性数学理论做出过重大贡献

盐的骨骼结构，体形呈立方体、正八面体或正十二面体。然而，有人怀疑他夸大了这种生物的几何规律性。

　　毕达哥拉斯学派认为正多面体与 4 种元素有关：正四面体与火有关，立方体与土有关，正八面体与气有关，正二十面体与水有关。此外，他们认为正十二面体与宇宙有关。这种观点是不正确的，但并非一无是处。他们认为自然界可能会采用高度对称的结构，这个推测就是正确的。

与地球形状相似的球体

　　正多面体有很多种对称方式，但具体数量是确定的，只能是 24、48 或 120 种。某些三维结构则具有更高的自由度。圆柱体有无数种对称方式，包括所有绕轴旋转、以轴所在平面为反射面的反射，以及顶部–底部反射。最对称的三维物体——至少在有限尺寸的物体中最具对称性——就是球体。希腊人认为圆是二维空间中的完美形式，球体是三维空间中的完美形式。他们甚至没有深入研究对称性，就已经产生了这些观点。

　　由于圆具有对称性——圆周上的所有点都与圆心的距离相同，所以它可以自如地前后滚动，轮子就是这样产生的。

　　由于球体具有对称性——球面上的所有点都与球心的距离完全相同，所以它朝任何方向都能自由地滚动。很多游戏都会使用圆形的球，比如高尔夫球、篮球、板球、网球、棒球、足球。原因很简单，因为它们都具有对称性。

雨滴是什么形状？漫画家习惯把雨水画成泪滴的形状，一头是圆形，后面拖着尖尖的尾巴。这种形状可以夸张地表现出雨滴快速下落的运动，但它与漫画家利用云对话框里的文字表现卡通人物思想活动的习惯做法一样，都不是对现实的准确再现。人类的心理特点使我们以为掉落的雨点会呈现出这种经典的泪滴形状，但实际上雨滴的形状是球形。

但是，这个说法也不太严谨。空气阻力可以让球体变扁平，在某些情况下，球体还会振动。然而，对小小的雨滴来说，空气阻力对它们的影响非常小。蒙蒙细雨中，落下的就是一个个湿漉漉的小小球体。

雨滴为什么是球体结构呢？我们假设空气不存在，雨滴是在真空中坠落，这样就可以消除空气阻力对雨滴形状的扭曲作用。在表面张力的作用下，雨滴会变成能量最低的形状。从本质上讲，大自然是很

球体是体积一定时表面积最小的形状。在表面张力的作用下，水滴为了减小自己的表面积，会自动把自己变成球状结构

懒惰的。雨滴的能量与它的表面积成正比，所以雨滴会让自己的表面积尽可能小。然而，它的体积由它所包含的水量决定，雨滴受到的这些力是无法压缩水的体积的。

当体积一定时，表面积最小的形状是什么呢？

有一个古老的传说：有人给了狄多一张牛皮，并告诉她用这张牛皮圈起来多大面积，她就可以拥有这么多的土地。狄多把牛皮切成细长条，结果围起来的土地足以建造迦太基这座城市。圆是面积一定时周长最短的形状，也可以说是周长一定时面积最大的形状，狄多的依据正是后者。通过类比不难发现，当体积一定时，表面积最小（或者说，当表面积一定时，体积最大）的形状是球体。根据经验，这明显是事实，但要证明它却不太容易。然而，人们还是完成了这项证明工作，并且确定正确答案就是球体。

当地球刚刚形成时，它是由熔融岩石和熔融铁构成的一个巨大圆

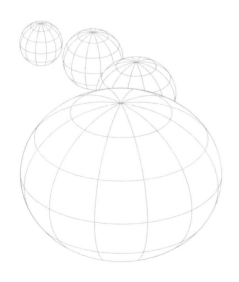

在某一阶段，行星的大部分结构都是熔融岩石，因此在其自身引力的作用下会变成球形。由于在旋转，仍然处于熔融状态的行星有可能被压扁，变成一个椭球体

万有引力是宇宙的组织力量，它使所有天体相互吸引。动人心魄的螺旋形星系是万有引力这种物理作用的结果。在万有引力的作用下，随意排列的物质坍缩成一个旋转的圆盘，随后变成我们熟悉的螺旋结构

球，还混有各种气体、蒸汽和一些乱七八糟的东西。当地球在轨道上绕太阳旋转时，它做的是自由落体运动，离心力和重力几乎抵消了，"绕轨道运行"指的就是这个意思。所以地球就像雨滴一样，是零重力下的一团液体。因此，它的形状和雨滴的形状一样，也是球体。然而，早期地球在不停旋转，旋转产生的力推动地球在赤道的位置向外扩张，在两极的位置变得扁平。地球的核仍然处于熔融状态，我们生活在薄薄的固态地壳层上。由热引起的对流现象使地球的内部结构发生了缓慢迁移，就像自行搅拌的蛋奶糊一样。同时，大陆地壳和洋底也随之迁移，因此造成了大陆漂移。很久以前，大陆的位置与今天完全不同——它们慢慢地漂移，直到今天仍未停止。

　　模拟对流过程的理论模型充分利用了地球的球对称。大陆明显是不对称的，不过没关系，我们已经知道引发对称的因素有时也会产生不对称的结果，例如木星的大红斑。因此，球形行星可以在不违反任何宇宙基本原理的前提下，形成形状如非洲和大洋洲的大陆。

太阳系外的图形

　　宇宙是球体真正的天堂，行星、卫星和恒星大体上都呈球形。球形在牛顿发明万有引力理论的过程中发挥了重要作用，因为他成功地证明球体产生的引力与同质量质点产生的引力完全相同。在证明过程中，牛顿假设物质的分布具有球对称性——在与中心距离相等的位置，密度都应该是一样的。取得这个惊人的成果之后，牛顿在计算过程中用质点取代了球形行星，使轨道的计算变得简单许多。

　　然而，行星只是近似球形。就像地球一样，它们也会因为旋转而略显扁平，变成椭球形结构——赤道附近的直径通常大于两极间的距离。然而，这些行星，特别是类地行星和带内行星，都接近于完美的球形。水星和金星的赤道直径与极地直径相差不到1‰。地球的这个差值是3‰，而火星是7‰。木星、土星、天王星和海王星等巨行星的大气层很厚，而星核很小。由于气体球比熔岩球更容易变形，所以，即使你发现这些巨行星的形状与球体的差别更大，也不用感到奇怪。土星是最扁的行星，直径差异接近10%，达到了肉眼可见的程度。

　　自1992年以来，天文学家已经发现了大量的系外行星，即绕着太阳以外的其他恒星运转的行星。到2016年年初，已知的系外行星一共有2 086颗。这些行星绕着大约1 330颗不同的恒星运转，其中509颗恒星拥有不止一颗行星。有几种方法可以探测系外行星。一种方法是测量恒星发出的光的强度变化。恒星在受到行星的引力作用时会轻微摆动，使它发出的光产生一些微小的变化。最常用也最成功的方法是观察行星经过时（如果有）恒星光辐射的变化。有时，利用功能强大的望远镜，再借助巧妙的方法阻止恒星发出的光掩盖行星发出的光，就可以直接观察到系外行星。

这些行星之前没有被探测到，是因为测量无法达到所需的精度。长期以来，天文学家一直误以为许多恒星（甚至大部分恒星）是行星。但根据我们当前的恒星形成理论，一次引力凝聚过程就可以在恒星周围形成行星。这一过程始于随机波动的星际尘埃和气体云，波动使物质聚集到某些区域。重力是一种长期存在的力，它会导致整个云团不断坍缩，所有物质都大致朝着一个共同的中心运动。在1 000万年的时间里，就可以形成大致呈球形的致密的尘埃云。

如果不受干扰，它将保持球形。但是，这个结构是星系的一部分，而星系一直在旋转。越靠近星系中心的位置，旋转速度越快；越靠近边缘，旋转速度越慢。因此，离星系核最远的尘埃云逐渐落在后面，而离星系核最近的其他尘埃云则冲在前面。其结果是，由气体和尘埃组成的球体开始旋转，它的球对称性随之被打破。然而，这个球体仍在继续坍缩。沿旋转轴方向的坍缩速度最快，与旋转轴垂直方向的坍缩速度最慢，因为离心力可以抵消引力的收缩效应。曾经的球形云随后迅速变成旋转的圆盘，球对称性破缺后形成了圆对称性。

在靠近圆盘中心的位置，圆盘会变厚并形成一个团块。随着团块收缩，密度会不断增大。此时，重力能转化成热能，温度上升。如果

重力作用使太阳系的所有行
星都近似位于同一平面

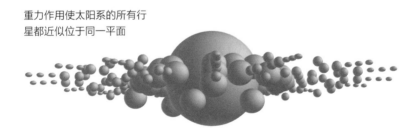

温度足够高，就会触发核反应，那个团块由此变成一颗恒星。与此同时，圆盘的其余部分遵循着自引力系统容易成团的一般趋势。这些团块结构在经历了局部坍缩之后，温度也会升高，但因体积太小而无法形成恒星。于是，它们变成了熔融岩球，球体表面后来也冷却下来。就这样，恒星有了行星。许多行星也有卫星，这些卫星是由更小的团块形成的。

简单而神奇的泡泡

　　球形天体令人神往，但数学灵感往往于简单处见神奇。还有什么比泡泡更简单的东西呢？ 19 世纪 30 年代，比利时物理学家约瑟夫·普拉托将金属线框浸入肥皂水，实验结果不仅令他震惊不已，也从此拉开了关于肥皂泡的数学研究的帷幕。

　　比如，如果他把一个立方体线框浸入肥皂水，皂液膜就会形成 13 个大致平坦但略呈弧形的面，就像 12 个被切掉顶部的三角形在立方体中心汇合，在接口处还会形成一个小正方形。如果把双环线圈浸入肥皂水，皂液膜就形成一个莫比乌斯带——只有一个面的曲面。取一张纸，把它转半圈，然后把两头接到一起，就能制作出一个莫比乌斯带。皂液膜会立刻形成同样的表面，扭曲操作是由线圈完成的。

　　尽管这类研究已经开展了约 180 年，但普拉托的许多观察结果仍然没有得到严谨的解释，其中最有名的就是双泡猜想（Double Bubble Conjecture），这个猜想描述的是两个球形气泡合并后构成的形状。普拉托发现，当两个气泡黏在一起时，会形成三个球面。两个气泡在接

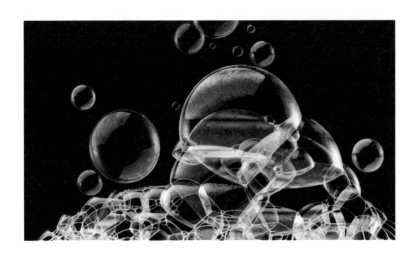

口处形成的圆形公共面（球面的一部分），朝着较大气泡的方向略微弯曲。面积最小化会对这些球面的大小和它们之间的角度构成某些限制，数学家面临的挑战是证明其他双泡形状的面积不可能更小。

　　第一步是把问题理想化。肥皂泡是一种最小曲面，是在满足适当的限制条件的前提下，表面积最小的曲面。肥皂泡之所以可以形成最小曲面，是因为皂液膜中的能量与它的面积成正比。例如，包围一定体积的最小曲面是球面，因此肥皂泡都是球形结构。最小曲面在数学中极其重要，在生物学、化学、晶体学和建筑学等领域也有诸多应用。气泡可以形成泡沫，因此还可以应用于酿酒业。包装行业也使用泡沫塑料，以保护货物在运输过程中免于受损。

　　普拉托取得的第一个重大成功证实了他对肥皂泡结合角度的实验观察。他发现，它们要么3个一组，以120度角接合到一起，要么4个一组，形成109度的接合角。在所有涉及肥皂泡结合的问题中，这两个角度都至关重要。1976年，美国数学家让·泰勒和弗雷德·阿尔姆

气泡的数学特性告诉我们，在给定条件下这些气
泡会形成什么形状。把立方体线框浸入肥皂水，
肥皂泡会形成 13 个近似平坦的曲面（1）。双环线
圈可以产生一个莫比乌斯带（2）。如果这些曲面都
是球面，那么我们可以预见它们将形成双气泡结构
（3），现已证实这些曲面肯定是球面，因为环面－
哑铃组合和其他备选方案都可以排除掉（4）

格伦最终证明，所有最小曲面中只出现这两个角度，而不会有其他
任何角度。他们的证明分为两个部分：第一，他们证明所有排列方式
都可以简化为一组 10 个备选表面形态；第二，他们通过证明在其中 8
种情况下可以调整表面形态以减小总面积，把总数减少至两个。

　　如果假设气泡是球面的一部分，就很容易证明这个双泡猜想。最
困难的是证明没有面积更小的其他方案。这并不是显而易见的，例
如，第一个气泡可能形成甜甜圈状，第二个可能像哑铃，并从第一个
中间穿过。

　　1995 年，数学家约耳·哈斯和罗杰·施拉夫利找到了一种方法，
可以证明这些奇怪的方案无法取代两个相同大小的泡泡。他们在证明
中借助了计算机，因为需要计算 200 260 个不同的积分。得益于现代
计算机的速度，这项任务只花了 20 分钟就完成了。2000 年，另外 4 位
数学家找到了证明一般情况（不同大小的两个泡泡）的方法。这种方
法处理的可能方案数量庞大，借助任何计算机都无法完成。但最终，

这些数学家仅凭借纸和笔就完成了这些计算工作。

这个课题已经取得了一定进展，由三名本科生组成的团队将结果扩展到了四维空间，目前正在进军五维空间。令人欣慰的是，在这个计算机盛行的世界里，人类的大脑仍然能够超越机器。

圆顶结构与病毒

如果一个曲面的表面积是一定的，要让它包围尽可能大的空间，这个曲面只能是一个球面。然而，如果这个曲面必须由多个固定单元组成，球面就不太合适了。病毒的微观世界就是这样一个典型案例。病毒的表面必须由许多相同的蛋白质单位组成，从结构上看，就相当于用一块块平板玻璃建成一个近似球形的圆顶。大自然和建筑师巴克明斯特·富勒想到了同样的办法——打造出尽可能接近完美球面的形状。符合这个条件的形状都是以正二十面体为基础构造的，正二十面体是5种正多面体中最接近球形的。

正二十面体的20个面都是三角形。如果你把正二十面体的所有角都剪掉，使三角形的每条边都缩减为原来的1/3，就会得到截角二十面体，它有20个六边形的面和12个五边形的面。足球通常采用这种结构，结实且近似于球形。充气膨胀后，构成球面的平整小块就会变成曲面，使整个足球更接近于一个真正的球体。

1750年，瑞士出生的数学家莱昂哈德·欧拉证明这种结构符合某种基本关系。（勒内·笛卡儿早在1639年就知道了这个事实，但他没有公布过证明过程。）假设我们有一个"简单连接"的多面体，它可

有谁会相信仅凭一个用五
边形和六边形制成的不太
起眼的足球就可以获得诺
贝尔奖呢？这样的构造都
必须遵循一个简单的数学
规则——像立方体一样，
可以变形为球体

以通过不断变形最后变成球体。欧拉指出，这个多面体的面数加上顶
点数一定等于边数加 2。例如，立方体是一个简单多面体——我们想
象用橡胶制作一个空心立方体，然后像吹气球一样让它膨胀起来，这
个立方体就会变成一个球体。立方体有 6 个面、8 个顶点、12 条边，
6 + 8 = 12 + 2，这与欧拉预测的结果一致。（非简单连接的多面体同样
存在，例如空空的相框。对于这些多面体，欧拉证明的那种关系需要
进行调整。）人们根据欧拉定理，并通过巧妙的计算，证明了任何由
五边形或六边形的面构成的多面体都一定有 12 个面是五边形，例如截
角二十面体。

　　但其中的六边形的个数就比较灵活了。在众多的伪二十面体
（pseudo-icosahedra）中，截角二十面体的结构最简单。一个伪二十面
体有 12 个面是五边形，(20T–12) 个面是六边形，30T 条边，(10T + 2)
个顶点，其中 T 是任意一个符合 $a^2 + ab + b^2$ 这种形式的数。

　　建筑师巴克明斯特·富勒建议使用这样的多面体来制造网格穹顶。
他把六边形的面细分为 6 个等边三角形，把五边形的面分成 5 个近似
等边三角形（肉眼很难看出其中的差别），所以圆屋顶看似是由许多
相同的部分组成的。第 67 届蒙特利尔世博会的美国馆是最著名的网格

圆顶建筑，它其实是一个a = 16，b = 0的伪二十面体。

因为这种形状是拼接相同单元消耗能量最少、最有效的方法，所以很多病毒也采用了这个方案。病毒的外层结构通常是由许多相同的蛋白质单位复制而成的，单元体之间的接合方式与多面体的顶点非常相似。芜菁黄花叶病毒就是一个伪二十面体，其中a = 1，b = 1。在兔乳头瘤病毒中，a = 2，b = 1。在水痘病毒中，a = 4，b = 0。一般来说，蛋白质单位的个数都是一个"神奇数"，即$10(a^2 + ab + b^2) + 2$。300以内的神奇数有12、32、42、72、92、122、132、162、192、212、252、272、282。我们可以在病毒中发现的蛋白质单位数一定是这些神奇数（而不可能是其他数字）。

截角二十面体还出现在由60个碳原子组成的名为富勒烯（"巴基球"）的引人注目的分子中。这是一种新的碳元素异形体。1985年，英国光谱学家哈里·克罗托和美国化学家理查德·斯莫利合作，首次合成富勒烯（这项成就为他们赢得了诺贝尔奖）。那一年的9月1日，

这些规则还适用于建筑师巴克明斯特·富勒发明的网格圆顶结构。如上图所示，富勒烯分子是指由60个碳原子组成的笼状结构。它的发现者因此获得了诺贝尔奖。富勒烯分子的完整结构是什么样子？答案是：像足球一样

他们用氢、氮和其他各种元素模拟红巨星附近的环境（据说红巨星上有这种碳元素），然后让碳在这种气体中蒸发。9月4日，他们探测到了分子量为720的碳分子。碳的原子量是12，这个值正好与60个碳原子对应。

新分子的结构是什么样子？这两位科学家提出了各种方案。他们的研究生发现，这种分子非常稳定，不可能存在任何"悬空键"。因此，他们更加坚定地认为这是一种笼状多面体结构。斯莫利回忆说，9月9日那天，他们整夜未眠，剪出了一个又一个纸样，最后终于找到了一种可能的结构——截角二十面体。这种结构的所有变体统称为富勒烯，由于富勒烯是工程和技术新材料的潜在来源，所以是当下科学研究的一个热点。

螺纹与螺旋线

在二维结构中，甚至在"本质上"只有一个维度的饰带图形中，都有可能出现滑移反射。这种奇怪的对称操作是由反射和特殊方向上（沿着镜面）的平移结合到一起形成的。三维结构可能有类似的对称性，即旋转与特殊方向上（沿旋转轴）的平移结合形成的对称——螺对称。

螺对称这个名字恰如其分。瓶塞钻之所以可以钻进软木塞而不会造成太大损坏，就是因为它具有螺对称性。确切地说，它有无限多个螺对称方式。无论你把它旋转多少度，都可以通过平移一个相应的距离，使它与软木塞上"螺旋形"的洞吻合。事实上，这个平移距离与旋转的角度成正比。螺母之所以可以旋到螺栓上，也是基于同样的原因。

　　与螺对称有关的那条曲线有一个更准确的名称——螺旋线。它与普通螺旋不同，因为它存在于三维结构中，而不是二维结构中。螺栓有螺纹，瓶塞钻有螺旋形的尖头。木螺钉也有螺纹，但它们都是上粗下细的锥形，以确保可以平稳地钉到木头中去。

　　螺旋线分左旋和右旋两种。为了体会这个区别，我们可以尝试着用一种为左撇子（或者右撇子）设计的瓶塞钻来打开一瓶葡萄酒。普通的右旋瓶塞钻是沿着顺时针方向钻入软木塞的，而与之构成镜像的左旋瓶塞钻则沿逆时针方向旋入。

　　大自然很好地利用了这个区别。许多攀缘植物通过螺旋状的卷须蔓牢牢地攀附在墙壁、棚架或其他植物上。大自然必须解决的一个问题是，如何让卷须蔓在末端固定的情况下收紧。数学家把大自然使用的方法称作倒错（perversion）。卷须蔓在自身某个位置的螺旋方向有

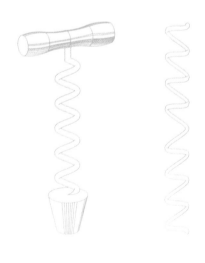

就像DNA一样，瓶塞钻起作用的那一端是螺旋结构，具有螺对称性（左图）。记住，螺旋有左旋和右旋两种，瓶塞钻同样如此。许多攀缘植物用螺旋状的卷须蔓攀附在墙壁或其他植物上，它们也可以左旋或右旋。然而，植物会把这两种旋转方向都应用在同一条卷须蔓中，以便中途变向（右图）。通过这个办法，卷须蔓可以轻松地收紧中间部位，而不会影响到末端

时会左右对调，因此形成的扭结可以通过旋转，使螺旋结构在不影响末端的情况下收紧或放松。例如，电话线缆经常因为倒错而缠绕成一团。

除了伪二十面体之外，病毒采用的另一种常见的形状是螺旋，烟草花叶病毒就是一个典型的例子。这种病毒由 2 130 个相同的蛋白质单位组成，它们就像螺旋楼梯的台阶一样，一级一级镶嵌在一起。这里的对称性是离散的，而不是连续的——旋转的角度和平移的距离都是特定的。产生这种限制条件的原因是，最后形成的螺对称图形在移动一个蛋白质单位后，必须保证它与另外一个蛋白质单位完全一致。

在建筑学中，这种结构被用来制造螺旋楼梯。卢瓦河谷的香波堡有一个双螺旋楼梯，两个楼梯相互独立又相互交织，一个供贵族专用，一个供用人使用。与之相似的双螺旋结构已成为 20 世纪科学的标志，并于 21 世纪成为许多科学领域的基

螺旋楼梯也是螺旋结构。上图是法国城堡里的石头楼梯，采用的就是这种结构

础。它代表的是DNA分子。DNA携带着大多数生物的遗传信息，但有些病毒是通过与DNA关系紧密的RNA（核糖核酸）携带遗传信息的。DNA的"台阶"是配对的分子——腺嘌呤–胸腺嘧啶或胞嘧啶–鸟嘌呤。遗传信息由A、T、C、G这4个字母编码。有些区域（即基因）会指定构成生命所需蛋白质的组成单位的先后次序，每个单位由三个编码字母构成。这些单位就是氨基酸分子。

三个字母一共有64种组合方式，而氨基酸只有22种（还有指示"停止"的"空"氨基酸）。之所以出现这种冗余，其原因与将三个字母组合翻译成氨基酸的遗传密码具有的一种对称性有关。这种对称极不完美，最明显的表现就是经常有4种不同的三字母编码表示了同一种氨基酸。（表示同一种氨基酸的编码最多可达6种，最少仅有一种。）在4种编码表示同一种氨基酸时，可以在不改变蛋白质单位的前提下改变第三个字母，这就是遗传代码的置换对称。也许在地球漫长历史的某个阶段，生命结构更简单，只需使用由两个字母组成的代码。

晶格

病毒是相同蛋白质单位通过有效的方式组合形成的，因此其结构具有对称性。这让我们回想起开普勒的猜想，他认为冰晶是由相同的单元体排列形成的。开普勒错误地以为这些单元体是水汽形成的小球，但这个错误无关紧要。晶体的基本单位是如何排列的？二维空间中与之类似的镶嵌问题决定了墙纸具有17种对称，那么，三维空间中的壁纸呢？

　　墙纸图形的数学本质在于它的对称性，其关键特征是构成墙纸图形的相同元素在两个不同方向上有规律地重复出现。墙纸图形是按照平面网格结构排列的，而晶体的原子是按照三维网格结构排列的。正是这种晶格结构使晶体具有规整的几何形状，而且使各个面之间的夹角度数受到一定的限制，从而引起了早期晶体学家的兴趣。

　　三维结构可能具有的几何形状比二维结构更丰富，因此，晶体可以实现多种对称方式并不让人感到吃惊。墙纸图形的 17 种对称方式与晶格的多达 230 种对称方式相比，也算不上什么了。

　　晶格的对称性分为两大类。第一类是晶格平移对称。这类对称相当于搭建起了供悬挂重复性"设计"所需的框架；第二类是排列方式本身的对称。墙纸的对称性也可以这样分类。例如，如果我们从一个方点阵（由相同瓷砖构成的方形网格）开始，就可以通过不同的方式来铺设这些瓷砖。我们的设计可以利用正方形所有的对称性，也可以只利用它的旋转对称性。因此，我们基于同一个网格对称类型，得到了两种对称类型的墙纸图形。

　　所以，对于如何给对称类型分类，我们可以分为两步。先只考虑网格，再利用对称的"设计方案"来布置这些网格（如果是晶体，则指原子的排列）。二维网格有 5 种，分别是基于平行四边形、矩形、菱形、正方形或六边形的网格。三维网格（也称布拉维网格）有 14 种。对于每种对称类型，必须单独分析有多少种可能的"设计方案"。把它们加到一起，一共得到了 230 种可能性。

　　这一切都与雪花问题有关。雪花排列的是什么？答案是：水分子。冰就是结晶的水，它有多种形式，但最常见的形状是基于与蜂窝

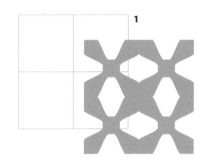

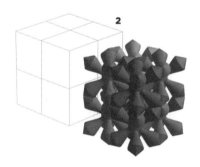

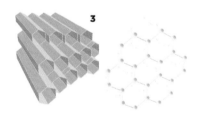

将多个相同的基本单元镶嵌到一起，就可以构建平面网格（1）。利用这个方法也可以构建空间网格，但空间网格多达230种（2）。其中，冰原子晶格看上去是一层六边形棱柱（3），雪花的六次对称就源于这种具有六次对称性的晶格

六边形结构略有不同的晶格形成的。在标准大气压下，温度略低于32华氏度（0摄氏度），水就会变成这种晶体结构。如果温度更低、气压更高，冰的晶体结构可能会不同。

水分子是一个四面体，其中心有一个氧原子。四面体的两个顶点被氢原子占据，另外两个顶点是空的。冰晶将这些四面体有规律地叠加在一起。与雪花有关的冰晶是水在"正常"的温度和压力下形成的，可以近似地看作由六边形棱柱层叠而成。氧原子位于六边形棱柱的顶点上，氢原子位于棱边约1/3的位置上。

从正面看这些棱柱层，会看到像蜂巢一样的六边形通道。这些层相互堆叠，所有六边形都没有横向错位，棱柱的六边形末端紧紧地靠在一起。然而，如果你从晶格的侧面观察，就会清楚地看到这些六边形堆成的层（几乎）是平的，但棱柱的末端有一点儿

凹凸不平，看起来参差不齐。开普勒没有正确地推测出这些凹凸不平的结构，但他正确地推测出了蜂窝状的基本结构。

　　平坦的层比较容易相对滑动，这也是冰面很滑的原因之一。冰晶在这些平坦层上的生成速度也更快，因为层内有两个地方可以连接氢原子，而在垂直方向上只有一个地方可以连接氢原子。正是出于这个原因，水在变成冰晶时会先形成一个六边形的薄片。有了这个规整的种子之后，它便着手为自己添加美丽的树叶状装饰品。

开普勒猜想

　　开普勒在《论六角形雪花》这本书的1/3篇幅处写了一段话，困扰了全世界的数学家和物理学家近400年。他说他正在思考如何在三维空间中堆积相同的小球。他从立方晶格谈起："这些小球将堆积成立方体结构，在受到压力后，小球将变成立方体。但这不是最紧密的排列。在另一种图形中，每个小球不仅与同一平面上的4个相邻小球接触，还会与平面上下各4个小球接触，所以每个小球总共与12个小球接触。而且，在受到压力时，小球将由球形变成菱形……这是最紧密的堆积方式，其他任何排列结构都不可能在相同容器中装入更多小球。"

　　尽管开普勒提到了容器，但他没有具体指明它的形状或大小。由于数学家在确定有限空间中的堆积效率时，考虑的是越来越大的有限区域，所以我们可以认为开普勒讨论的是如何填充整个空间。在这种情况下，很快地，"大多数数学家都相信了，所有物理学家也都知道了"他的那段话。

　　开普勒描述的堆积方式现在被称作面心立方晶格，格点是堆积在一起的立方体的顶点和中心点。水果商在堆放橙子时经常会采用这种方法。在三维空间中，这似乎是最有效的堆积方式，但这类问题很难证明。我们知道，在二维空间中，答案显然是蜂窝结构，但是直到20世纪初这个问题才被解决。采用面心立方晶格堆积球体时，密度是74%。最明显的竞争方案是六边形晶格，它的堆积密度可达60%，而普通立方晶格的密度为52%。比较这些数字，就可以轻而易举地看出面心立方晶格更胜一筹，但这不是难点所在。问题在于，我们如何确定最优堆积方式是网格呢？这个问题引发了一系列的麻烦。

　　这位数学神秘主义者不经意的一句话后来被人们称作开普勒猜想，并且直到近年来才得到证明。1994年，美国数学家托马斯·黑尔斯提出了一个五步程序来证明这个猜想。它需要为"靠近"给定球体的所有球体找到一个有用的几何图形。黑尔斯认为，如果两个球体的球心的间距小于或等于直径的2.51倍，就可以认为这两个球体彼此"靠近"。既然是球状填充图形，我们就可以根据上述定义，画出所有彼此"靠近"的两个球体的球心连线，从而形成一个网络。这个网络被视为堆积方式的一个框架，使我们能够理解任意球体附近堆积成的几何图形。实际上我们需要证明的是，最优堆积方案的局部几何形状是面心立方晶格。

　　1953年，匈牙利数学家费耶什·托特根据一个类似的办法，将开普勒猜想简化为一个具体的计算问题。但是它的计算量太大，即使是功能已经得到大幅提升的现代计算机也无法完成这项任务。粗略地说，这个办法就是找到一种与面心立方晶格不同的几何结构，然后证

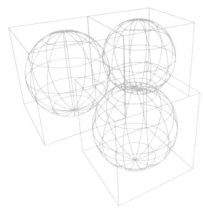

最有效的球形水果排列方法到底是什么？开普勒坚信水果商使用的那个方法效率最高。正如我们看到的，猜出正确答案并不难，但要找到一个逻辑严密的证明方法却非常困难。说不定有某种巧妙的排列方法比这种常用方法效率更高呢？如果不知道具体有哪些方法，又如何判断孰优孰劣呢？

明这种排列结构经过修改之后可以提高填充效率。

黑尔斯改善了托特的方法，用多维平面构成的简单几何结构代替多维曲面构成的几何结构。经过这样的修改，需要考虑的可能情况增多了，而每种情况的复杂程度却降低了。最终，黑尔斯完成了长达250页的说明，并辅之以多达3GB（吉字节）的计算机代码和数据。由于任何人都无法凭借一己之力完成如此冗长的证明过程，所以黑尔斯启动了"污点计划"，希望可以找到经过计算机严格验证的新证明方法。2014年，这项计划获得圆满成功。

我宁愿证明开普勒猜想是错的。我希望开普勒和所有认为答案显而易见因此无须证明的物理学家都错了。不幸的是，我的愿望无异于痴人说梦。事实证明，开普勒的直觉和那些物理学家的直觉都是正确的。

第 10 章
缩放与螺旋

对称还可以改变事物的大小。比例尺（scale）是科学家非常感兴趣的话题。当然，他们研究的不是称重的天平，也不是鱼身上的鳞片，而是空间和时间的比例尺，即大–小、快–慢之类的等比变化。地图可以有效地表示领土，因为它们形状相同，但大小不一样；玩具汽车和飞机模型可以再现汽车和飞机的形状，但玩具的体积变小了。

使物体或系统的规模发生变化的对称，被称为扩展对称（dilation）。在扩展对称中，所有距离都会变为原来的特定倍数（即比例因子）。如果比例因子小于1，那么所有距离都会缩小，这种对称方式叫作缩小。如果比例因子大于1，那么所有距离都会变大，物体因此会放大、膨胀。

当物体膨胀时，它的不同物理性质就会发生不同的变化。例如，长度发生的变化最简单。如果你将一个物体的尺寸变为原来的两倍（比例因子等于2的扩展对称），那么它的长度（还包括幅度、宽度、高度、腰围及其他任何有意义的线性距离）也会变成原来的两倍。选择不同的倍数，会发生类似的变化。

面积的变化有所不同。如果你把物体的尺寸增加一倍，它的面积（包括表面积、某个位置的横截面积，以及其他任何有意义的面积）

就会变为原来的4倍。如果尺寸变为原来的3倍，面积就会变为原来的9倍。由此可见，面积的缩放相当于长度的平方，也就是说，面积的倍数是比例因子的平方。

体积的缩放变化又是一种情况。体积缩放的倍数是长度的三次方，也就是说，先将比例因子平方，再用结果再乘以该比例因子。长度增加一倍，体积就变为原来的 $2 \times 2 \times 2 = 8$ 倍。长度变为原来的3倍，则体积就会变为原来的 $3 \times 3 \times 3 = 27$ 倍。

这种类型的关系叫作比例定律，是某些自然法则及其相关概念所具备的某种扩展对称性的一种表现。树枝状雪花遵循比例定律，每一个小"树枝"都是大树枝的精确微缩版本。一些生物同样如此，从它们的形态可以看出大自然的比例定律——因为生物学的规则有较大的灵活性，所以它们在具体操作上有一定的自由度。生命具有较大的灵活性，似乎经常有与物理定律不一致的地方，但它无法违背这些定

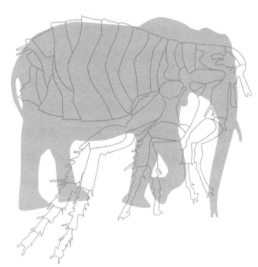

如果跳蚤有大象那么大，它能跳过埃菲尔铁塔吗？动物的质量和肌肉力量不会随着动物的体型大小发生等比变化。体重的变化比例是大小变化的三次方，但肌肉强度的变化比例是大小变化的平方。跳蚤纤细的腿非常适合跳蚤的体型，但这种细长的腿不可能支撑起大象的体重

律。这可能是令人们疑惑不解的一个原因。人们经常通过缩放变化，生动地描述生物的各种能力，例如，"如果跳蚤有大象那么大，它就能跳过埃菲尔铁塔"。

果真如此吗？

当然，我们知道这种表述的本意是什么。这不过是打一个比方。跳蚤和一粒砂糖的大小差不多，但它可以跳到一袋糖那么高。这些数字有点儿枯燥，因为糖太过平常，如果换成大象和埃菲尔铁塔，就会给人留下更深刻的印象。但是，让我们来认真考虑一下这个比喻。如果我们以某种方式制造出一只巨型跳蚤，它究竟能跳多高呢？

物体的腾空高度有两个决定因素：物体的质量和向上推动物体的力。高度与力成正比，但与质量成反比（质量越大，腾空高度越低）。质量与体积成正比，所以质量的缩放比例是物体尺寸的三次方。跳蚤弹跳力的缩放比例是多少呢？我们很难找到一个准确的答案，但是考

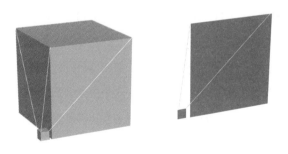

虑到弹跳力是由肌肉产生的，粗略地讲，肌肉最重要的特征就是它的横截面积。所以，我们有理由相信，弹跳力的大小与肌肉粗细程度的平方成比例。

大于1的数字的三次方大于它的平方，所以质量的变化比例大于肌肉横截面积的变化比例。由此可见，与大象一样大的跳蚤几乎不可能腾空而起。事实上，动物支持自身体重的能力也取决于横截面积（如果该动物有骨架，则取决于骨架的横截面积。例如，大象的支撑能力取决于它体内骨架的横截面积，而跳蚤的支撑能力则取决于其体外壳质的横截面积）。所以，与大象一样大的跳蚤几乎无法站立，更不用说弹跳了。

音乐中的数学

一说到"scale"这个词，我们可能会联想到音乐，因为这个词在音乐领域代表的是音阶。音阶具有其独特的扩展对称性，仔细观察吉他、曼陀林、鲁特琴或者任何带有品柱的弦乐器，就会发现随着音阶越来越高，品柱之间的距离越来越小。这是由振动弦的物理特点决定的。由一连串音符组成的音阶是现代西方音乐的基础，通常用从A到G的7个字母加上符号$^\#$（升）和$^\flat$（降）表示。例如，从C开始的连续音符为：

$$
\begin{array}{ccccccc}
C^\# & D^\# & & F^\# & G^\# & A^\# & \\
C & D & E & F & G & A & B \\
& D^\flat & E^\flat & & G^\flat & A^\flat & B^\flat
\end{array}
$$

然后再从C开始重复，但所有音符高一个八度。钢琴上的白色琴键是C、D、E、F、G、A、B键，黑色琴键则是升音键和降音键。

这个系统可以追溯到毕达哥拉斯学派。他们发现，协和音符的音程可以用整数比来表示。后来，他们利用一根单弦，实验性地演示了这个成果。最基础的协和音程是八度程。在钢琴上，它是8个白色音符的宽度；而在毕达哥拉斯单弦上，它是整弦演奏的音符与半弦演奏的音符之间的音程。演奏相差八度的两个音，弦的长度比为2∶1。

毕达哥拉斯学派发现，其他整数比也可以产生协和音程，主要有四度音程（比例是4∶3）和五度音程（比例是3∶2）。据说，为了创造协和音阶，毕达哥拉斯学派先定下一个基调，然后按照五度音程的

低音

高音

B C D E F G A

琴弦或鼓皮振动发出的声音取决于琴弦或鼓皮的形状及大小。短弦演奏的乐音比长弦高（上图）。吉他品柱的间隔使相邻品柱的音高相差一个音符。低音区品柱的间距较宽，而高音区较窄

间距升高音调。由此产生的一系列音符，对应的弦长比就是3/2的连续幂：

$$1\quad 3/2\quad 9/4\quad 27/8\quad 81/16\quad 243/32$$

这些音符的间距大多超过八度，也就是说，这些分数大多大于2。我们以八度为单位，对这些音符进行降调处理，也就是把这些分数连续除以2，直到数值介于1和2之间。然后按照从大到小的次序重新排列，就会得到：

$$1\quad 9/8\quad 81/64\quad 3/2\quad 27/16\quad 243/128$$

在钢琴上演奏时，这些分数分别与音符C、D、E、G、A和B近似对应。

奇怪的是，81/64和3/2之间的差似乎比其他分数间的差距大，而且中间可以插入另外一个分数，即四度音程（弦长比为4/3），这个分数在钢琴上对应的是F。这样一来，连续音符之间的音程就会形成两个截然不同的分数：全音9/8和半音256/243。两个半音的音程非常接近（但不是正好等于）一种全音，致使音阶中留有间隙。因此每个音必须分成两个音程，一个八度音则包含12个半音。

要达到这个目的，有很多种方案，但只有半音比例为2的12次方根（约等于1.059 46）这一个办法可以使所有12个音程都相等。由此产生的音阶叫作等程音阶。吉他品柱的间隔遵从相同的规律——相邻品柱的间距除以2的12次方根，就等于下一个间距。因此，吉他指板具有扩展对称性，比例因子为1.059 46。

许多数学问题都受到了音乐的启发。1966年，美国数学家马克·卡克提出一个问题："你能听出鼓的形状吗？"它的另外一个版本给人留下的印象更深：你可以根据鼓的振动频率推断出与形状有关的信息

早在 50 多年前人们就已经知道，如果两个鼓的面积或周长不同，它们发出的声音就会不同。然而，令人惊讶的是，两个不同形状的鼓却可以发出完全相同的声音

吗？这个问题具有一定的实际意义。例如，当地震来袭时，地球就像被敲响的钟，地震学家可以根据地球发出的"声音"，推断出关于地球内部结构的大量信息。

卡克表示，鼓的某些特征，例如它的面积和周长，可以通过鼓发出的声音来确定。1992 年，数学家卡洛琳·戈登、戴维·韦伯和斯科特·沃尔珀特利用半马耳他十字状的小块，拼凑出两张截然不同但音域相同的数学鼓皮。通过剪贴的方式，一张鼓皮可以变成另一张鼓皮，振动图形也可以剪贴。也就是说，第一个鼓的所有振动方式都可以在第二个鼓处找到声音完全相同的对应振动方式。

螺旋生长

比例定律和音阶这两个扩展对称性的实例非常抽象。我们在雪花上看到了旋转对称和反射对称，那么有没有可以让我们亲眼看见扩展图形的实例呢？当然有，与旋转结合的扩展对称的例子更容易被找到。扩展与旋转相结合的产物是螺旋，它们在大自然中十分常见。

鹦鹉螺的生长方式十分奇特，
所以才会长出对数螺线状的
外壳。按下页图所示的方式
画出若干正方形，然后在每
个正方形里画 1/4 个圆。通过
这个简单有效的方法，就可
以画出一条近似的对数螺线
（然而，这条曲线的扩展速度
与鹦鹉螺不同）

　　螺旋是一种绕中心点不停旋转的曲线，在一个方向上与中心点的
距离越来越远，而在另一个方向上与中心点的距离越来越近。螺旋有
很多种，但具有扩展对称性的只有一种，即对数螺线。之所以叫这个
名字，是因为它旋转的角度是由半径的对数决定的。把它想象成一根
无限长、以恒定速度绕固定支点旋转的长杆，理解起来可能会容易一
点儿。我们可以想象长杆上有一支铅笔，正在以越来越快的速度向着
远离支点的方向运动。一段时间之后，铅笔的速度肯定会变成之前的
两倍。由于长杆不停地旋转，所以在铅笔快速离开支点的同时，笔尖
会留下一条对数螺线。

　　对数螺线有一个十分明显的定性特征：靠近中心点的螺线非常紧
密，但随着与中心点的距离越来越远，相邻两圈之间的距离也会越来
越大。这种缠绕图形有一种定量解释：在完成旋转与扩展的特定组合
操作之后，对数螺线保持不变。事实上，任意一个旋转操作都可以与

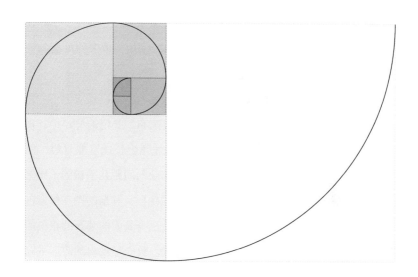

某个适当的扩展操作结合，使螺旋的形状和位置保持不变。

自然界最有名的对数螺线是鹦鹉螺的外壳。鹦鹉螺是一种海洋软体动物，它实际上是头足类动物，生长于南太平洋和印度洋的深海。这种动物长有长长的触角，用于捕食螃蟹。它的外壳呈雅致的对数螺线形，由多个依次增大的腔室构成。鹦鹉螺外壳的形状是由源于该动物生长图形的扩展旋转对称性决定的。鹦鹉螺的身体柔软，而外壳坚硬。在发育过程中，鹦鹉螺的身体无法在固定的外壳内长大，外壳也无法容纳鹦鹉螺越来越大的身体，因此唯一可行的办法就是扩建"房舍"。鹦鹉螺不停地在外壳边缘堆砌"建筑材料"，在身体进行指数增长时，外壳也得跟上身体的生长速度。所有这一切最终形成了一条对数螺线。当然，数学家的对数螺线是无穷大的，而鹦鹉螺的外壳尺寸是有限的，这是生物学领域又一个数学理想化的实例。

测量数据表明，鹦鹉螺身上的每圈螺纹的宽度约为前一圈的三倍。在其他螺旋形贝类身上，这个比例可能有所不同。显然，不存在适用于所有螺旋的统一比例。达西·汤普森引用了40多种贝类的数据，发现相邻两圈螺纹的宽度比从1.14到10不等。

前文中说过，比较有名的其他贝类，像菊石，都已经灭绝了。这些生物生活在大约3亿年前的泥盆纪、石炭纪和二叠纪的海洋中，现在我们只能看到它们的化石。有些菊石的外壳生长速度非常慢，以至于体形更接近于阿基米德螺线——相邻螺纹的间距几乎相同（比例为1）。然而，大多数菊石的外壳都呈对数螺线形，其余的则是稀奇古怪的螺旋形。总的看来，外壳的形状记录着栖身其中的菊石的相关信息：它的生长方式和它堆砌外壳材料的速度。贝壳呈现出的图形可以帮助我们揭示这种动物的生长规律。

原来如此！

我们在雪花上看到的图形有可能为我们解密雪花的形成规律提供线索。

我就知道，这种螺旋形结构迟早会派上用场的。

海贝的形态与图形

数学家不仅研究了贝类的形状，还研究了它们呈现的图形。这个问题很有趣，因为贝壳本质上就是一个曲面，其生长发育的过程也都是在外壳边缘的位置进行的。一旦发育图形初步形成，就再也不会改变了。因此，在这个过程的所有阶段，新的图形会不停地添加到已有的图形之上。也就是说，这个图形是颜料沉积这个化学动态变化的时空图，渐次增长的方向就是时间方向。从数学上看，它给人一种简洁雅致的感觉。

　　贝壳之所以生长，是因为栖身其中的生物将外套膜排泄物堆积在贝壳上。图灵认为，化学物质通过某些基质与其他化学物质发生反应，并向外扩散。德国数学生物学家汉斯·迈因哈特利用这套理论，对贝类呈现的图形进行了非常广泛的研究。我们已经知道，化学物质的化合反应可以创造出雅致的螺旋图形。迈因哈特希望反其道行之，借助贝壳的图形找出其背后的化学作用，并推断出某些基本的生物学特征。

　　贝壳图形千变万化，但可以划分成几个基本类型，包括：规整的条纹和斑点，波浪条纹，以及由三角形和锯齿形线条等构成的奇怪的半正则图形。两种明显不同的图形有时会交替出现，例如，黑色斑点构成的图形中偶尔会出现一块没有斑点的浅色区域。

　　迈因哈特认为，大多数的贝壳图形都是由一种近距离增强和远距离抑制的化学机制造成的。某个区域生成色素，就会引发其他区域也开始生成色素（但不一定是同种色素），还会对远距离区域生成色素产生抑制作用。近距离激励因子与远距离抑制因子形成了一种创造性张力，激活图形的形成过程。但是，抑制因子必须具有竞争优势，才能保证整个过程顺利进行下去。事实上，图形形成的一个必要条件是，抑制因子的扩散速度必须是激励因子的7倍。

　　三角形和锯齿形图形可以被视为行波的时空图。例如，当色素沉积到某个孤立的点，即起始区域（pacemaker region）时，就会形成三角形。随着时间的推移，色素会形成两条波，一条从起始区域向左运动，另一条从起始区域向右运动，从而形成三角形。如果有多个起始区域，邻近的三角形最终会发生碰撞，碰撞之后的结果取决于它们遵从

的化学规则。一个常见的结果是这两种波相互抵消，形成之字形图形。

周期性振荡是使贝壳产生周期性空间图形的原因。这种机制很容易产生条纹、斑点和类似图形。在我们完成了必要的背景介绍之后，我将回过头来继续讨论织锦芋螺、榧螺等贝壳上可能形成的特别有趣的图形。这些图形是由斑点、三角形、鳞片等线条明晰的基本形状，以一种似乎非常随意的方式排列而成的。简单的数学规则竟然可以生成如此复杂的图形，这令人震惊，但计算机模拟显示，这实际上是迈因哈特使用的类图灵系统的一个共同特征。

最复杂的图形，即贝壳的不同区域有不同的斑纹，是由两种不同的系统相互作用产生的，这两个系统分别涉及不同的化学物质，并会产生不同的色素沉积。根据相互作用的规则，哪个系统最终胜出需要视情况而定。如果某个系统在某些区域获胜，这些区域就会形成该系统特有的图形。如果该系统在相互作用中处于劣势，我们就会看到另一种图形。根据这一思路，我们有可能从图形中逆向推断出其中

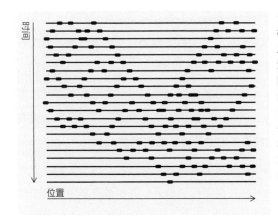

榧螺将新的色素一层一层地沉积到原来的色素沉着层之上，所以每个阶段都会使色素形成的暗斑向侧面推进一级。由此形成的斜线组合到一起，就会构成三角形。榧螺的斑纹虽然看起来不规则，但却是简单数学规则产生的结果

的化学原理。

　　虽然真实的贝壳不是平的，但它们都是沿着曲面的边缘生长的。而且，这些图形在很大程度上与曲面在生长过程中形成的形状无关。我们可以利用不同于迈因哈特的数学模型（通过观察鹦鹉螺生长过程建立起来的复杂模型），研究不同的生长过程是如何产生不同的形状的。普热梅斯拉夫·普鲁辛凯维奇及其同事是这一领域的活跃分子。他们发现，将他们的方法与迈因哈特的方法结合起来，就有可能利用简单的数学规则，令人信服地生成带有各种斑纹的三维贝壳。大自然肯定也是采用了类似的方法。

植物中的数字

　　生长图形把我们带回到花草树木领域。我们知道，斐波那契在

一个算术文本中，以问题的形式提出了著名的斐波那契数列1, 1, 2, 3, 5, 8, 13…（在这个数列中，从第三个数字开始，每个数字都是前面两个数字之和）。关于植物生长这个动态过程是如何产生斐波那契数的，我们现在已经有了比较完整的了解，但是我们对这个动态过程背后的生物学机制却知之甚少。例如，我们认为某些激素的作用是抑制植物的特定部位的生长，但我们不确定到底是哪些激素。

植物身上为什么会出现斐波那契数呢？简言之，因为受到生长方式的影响，植物对少数几种几何图形更偏爱，其中最有趣的是基于黄金角的螺旋图形。黄金角大约等于137.5度，在数学上与斐波那契数关系密切，而且是植物身上出现斐波那契数的原因所在。

详细说来，其中的原因非常复杂。当植物幼苗破土而出并开始生长时，生长发育的主要部位是嫩枝末端。在这里，细胞不断分裂以产生新细胞。在这些新产生的细胞从枝条顶端向枝条侧面移动的同时，遗传与生化活动的图形为植物随后长出侧枝、花瓣、种子和其他植物器官奠定了基础。

在生长发育的枝条尖端，细胞聚集到一起形成簇群，为转化成这些器官做好了准备。这些细胞簇群被称为"原基"（primordia），每次只能形成一个。生长发育的整体图形呈螺旋形。所有的连续原基形成一条紧密盘绕的螺线，相邻原基之间的夹角是一个黄金角。事实证明，这个角度可以使原基紧密地排列在一起，排列效率是其他任何角度都无法比拟的。然而，这种高效性是生长图形产生的结果，而不是生长图形形成的原因。黄金角间距是机械和化学影响的结果，有利于所有新形成的原基获得最大的发育空间。

这种发育图形为进化创造了有利条件。例如，如果原基发育成树

在向日葵和雏菊的花盘中，相邻单元体之间的夹角是 137.5 度。这个角度非常特别，可以确保种子紧密排列，而且间距均匀（中）。如果角度稍小（左）或稍大（右），种子就无法均匀地排列

叶，那么螺旋间距可以防止邻近的树叶相互遮蔽。然而，生长发育至少还有另外两种图形——相邻原基可以出现在植物主干正对的两侧，也可以以相互垂直的方式成对出现。因此，我们不能毫无保留地接受从进化角度给出的解释。

汉斯·迈因哈特证明，用来解释贝类斑纹形成原理的活性抑制化学机制，也可以在植物生长过程中形成这三种图形，其中黄金角螺线图形最常见。斯蒂芬妮·杜阿迪、伊夫斯·库代等数学家、物理学家在物理实验室或者计算机上模拟了原基生长的动态过程，并证实了黄金角的重要性及其与斐波那契数的关系。

早在几百年前，人们就已经知道黄金角与斐波那契数紧密相关。描述两者之间关系的最简单方法是，用连续的斐波那契数构成 3/5、5/8、8/13 等分数。圆的这些等分（以度数表示）越来越接近 222.5 度。这个角度是黄金角的一个变体，两者是一回事，但一个是内部测量的结果，另一个是外部测量的结果（如果你不明白，我就再给你一个提示：$222.5° + 137.5° = 360°$）。因为黄金角与斐波那契分数非常接近，所

罗马花椰菜的螺线是由一个个螺旋形
单元体构成的，每个单元体本身都是
整个植株的微缩版本

以在植物的生长过程中，原基形成的几何结构显然与斐波那契数一
致。正因为如此，很多花的花瓣数都是斐波那契数。

最能体现鲜花与斐波那契数之间关系的是雏菊（尤其是大型向
日葵）的花盘。雏菊的原基按照连续的黄金角间距排列成螺线，变成
种子后，呈更明显的螺旋形旋涡，通常有34个顺时针旋涡和55个逆
时针旋涡（顺时针与逆时针旋涡的数量也可能是55和89，或者89和
144）。这三组数都是连续的斐波那契数。

我们通常以为质地柔软的花椰菜是一团结构上毫无特点的白色组
织，但实际上，我们也可以在其中找到类似的数字。仔细观察就会发
现，看似乱七八糟的花椰菜也呈现出美丽的旋涡图形。数学家的眼睛
有时可以看到其他人看不到的东西。

飓风旋涡

在研究向日葵雅致的螺线时，我们肯定会把它们与自然界中其他的螺旋形几何结构进行比较。如果系统在运动或生长的过程中将旋转运动与径向运动结合在一起，就会形成螺线，因此我们会在自然界中观察到各种螺旋结构。我们已经讨论过向日葵和贝类这两个例子，此外，绵羊、山羊和羚羊（例如瞪羚）的角通常也会长成螺旋形。但自然界中最引人注目的螺旋大多存在于物理学领域，而不是生物学领域。

1863 年，弗朗西斯·高尔顿公开发表了他的一个重大发现——反气旋，这是统计学早期研究取得的一大成果。高尔顿对 1861 年 12 月的风向、温度和气压等天气数值观测结果进行了分析，并针对几个面积相当于大不列颠群岛的区域，绘制出这些数值随地理结构发生变化的示意图。结果，他发现这些区域有形成螺旋的趋势。这是人类第一次通过观察的方式，证明地球的大气层有时（或者经常）会形成巨大的旋涡。

数学家和物理学家发现，流动的流体（例如水）有形成旋涡的倾向，旋涡的中心可能是固定的，也可能是移动的。均匀流动的流体在障碍物后面形成的卡门涡街就是一个最常见的例子。连续出现的涡旋一边以相反的方向旋转，一边向障碍物的左右两边运动，彼此之间形成滑移反射的关系。

地球上的大气涡旋也呈现出类似的趋势，但大气中没有障碍物，因此涡旋不会成对出现。然而，大气可以形成反气旋，在北半球按顺时针方向旋转，在南半球则按逆时针方向旋转。由于地球自转以及

"向上"的方向与地球的轴心并不相互垂直（在赤道以外的位置），所以形成了反气旋。这使得南半球和北半球的大气朝着不同的方向流动，形成了所谓的科里奥利力。决定反气旋旋转方向的正是科里奥利力。

一个经常被人们引用的科学神话也基于此，其大意是，在澳大利亚水池排水时形成的旋涡方向与欧洲以及北美洲正好相反。像许多神话一样，这个神话的核心原理也是正确的。人们利用巨大的圆形水槽做实验，结果证实，当水槽不受外界因素影响时，南半球和北半球的旋涡确实倾向于不同的旋转方向。然而，在酒店的水池中却无法观察到这种现象，因为短期的不对称性（例如，作为水源的水龙头）可以完全遮掩住这种效应。

在高尔顿发现反气旋时，人类还没有发明可以拍摄这些反气旋的高空飞行器和卫星。现在，人们已经清楚地知道大气会形成旋涡。当这些旋涡以飓风这种最暴力的形式出现时，这种趋势更加明显。反气

从足够远的位置观察，咆哮的飓风并不是杂乱无序的，而是由潮湿的暖空气形成的缓慢旋转的旋涡，看上去好像一个由云构成的涡旋。湍流等复杂的水流图形是由一系列旋转的旋涡构成的，每个旋涡都类似于飓风的螺旋结构。大自然利用简单的零件，搭建出了一个个复杂的结构

旋中心的压力最大，而飓风或者气旋（印度洋上的气旋被称作台风）中心的压力最小。飓风是最壮观的自然灾害之一，它是由热和湿气造成的巨大的暴风云旋涡，风速最高可达每小时125英里（约200千米/小时）。飓风可以夷平高楼大厦，甚至摧毁整座城市。

从宏观上看，自然界中令人印象最深刻的螺旋是星系。星系是由恒星（通常是数千亿颗恒星）构成的转盘状结构，有独立的旋臂，就像轮转烟花形成的图案一样。星系的数学模型可以通过旋转和重力再现螺旋结构，但在确定速度如何随着与中心距离变化而发生改变方面，还有若干问题亟须解决。揭秘星系动态变化的工作仍然任重道远。

除了螺旋形以外，星系还可以是椭圆形、透镜状或者不规则的形状。螺旋形星系通常有两个旋臂，而星系中央明显呈棒状结构。我们现在认为，大多数星系的中心都有一个巨大的黑洞。星系就是宇宙这座浴室中的水池吗？事实可能比小说更离奇，我们拭目以待。

第 11 章
时间的对称性

螺旋形星系、旋涡和飓风比我们在照片中看到的更加对称。在静态照片中，螺旋的图形非常清晰，但对于单臂螺旋而言，只有对数螺线才真正具有对称性。双臂或多臂螺旋则具有旋转对称性，可以通过旋转让一条旋臂占据其他旋臂的位置。螺旋形星系通常有两条旋臂，在旋转180度时（大体上）是对称的。然而，一部电影告诉我们，这些物体还具有另外一种对称性——时间上的对称性。

"旋涡"一词道出了关键信息：自然界中的这些螺旋都在旋转，而且形状大致保持不变。实际上，它们的旋转方式非常死板，这意味着它们有无穷多种对称方式。不仅具有空间对称性、时间对称性，而且具有时空对称性。

接下来，我会详细解释这句话的意思。随着时间的流逝，螺旋会旋转某个角度，但形状不会改变。反向旋转相同的角度，它就会恢复之前的状态。因此，经过时间变化和空间旋转的组合操作，螺旋似乎没有变化。当螺旋以均匀的速度旋转（自然界中的这些螺旋的旋转速度近似均匀）时，时间变化和空间旋转的组合操作不仅适用于照片，还适用于螺旋的整个时空轨迹。如果用时空图（像电影一样包含一帧帧画面，但是这些画面相互叠加，与通常的空间方向垂直）表示运

动，旋转的星系看上去就是一条完美的
螺线。实际上，它具有与螺旋相同的时
空对称性。

　　那么，时间具有什么样的对称性
呢？从数学上讲，时间是一维连续体，
是一条线。线有两种对称方式——平移
和反射。平移可以改变时间线，使整个
系统（或系统的数学描述）在时间上向
前或向后移动。反射可以改变时间的方
向，就像从后向前放映电影一样。前文
中说过，牛顿力学定律在时间平移和时
间反转时保持不变，现代物理学的大多
数定律同样具有这个特点。

　　恒稳态具有绝对的时间对称性。无
论时间流逝还是反转，系统都不会改变，
所以恒稳态看上去始终没有变化。一块
数百年来一成不变的不规则岩石，呈现
了大量的时间对称性，但这种对称性单
调乏味，因此我们几乎不会注意它。

　　相比之下，我们对循环变化（尤其
是相同事件一再重复的循环变化）更感

从春天到夏天，然后是秋
天，之后是冬天：四个季节
形成一个循环

自然界经常发生周期性循环
运动。从恐龙在地球上四处
行走的那一天起，月亮盈亏
的相位变化就一直保持大致
相同的节奏

兴趣。周期循环也具有时间对称性，如果时间平移周期的整数倍，这些循环看上去就没有任何变化。无论是1066年还是2001年，春夏秋冬四季的开始时间都大致相同。以整年为单位的时间平移，不会导致季节交替发生意料之外的变化。如果平移的时间长度不是整年，例如平移6个月，那么春与秋、冬与夏就会对调。

有的周期循环具有时间反转对称性，有的则不具有这种对称性。在季节循环期间发生的温度变化在时间反转的情况下呈近似对称。从隆冬开始，温度按照时间顺序的变化依次是寒冷–温暖–炎热–温暖–寒冷。反过来看，结果相同。月相循环与温度变化略有不同。可以看到，月亮由新月开始，经月牙、凸月、满月、凸月、月牙，最后又变成新月。反过来看，这个顺序也不变。但在北半球，月球在前半个序列中被阳光照亮的是右半边，而在后半个序列中被照亮的是左半边。因此，真正意义上的月相对称变换是空间变换和时间变换的组合，即时间反转加空间反射。自然界中的很多时间反转对称性都具有这样的特点。

动物的运动

动物的运动就是依靠这种时空对称性完成的。

慢速运动时，马以慢步行走。需要稍快的速度时，它们就会快步行进。需要再快一点儿时，它们就会奔跑前行。如果需要全速前进，它们就会使用袭步。动物的运动图形被称为步态，有几十种之多，但它们都有一个共同点：当地面平坦且运动速度恒定时，动物的腿会不断重复相同的动作。步态是一种周期性循环。当然，动物也可以按照非周期性的方式运动，例如在多变的地形上运动，但这种运动图形不能被称为步态。

马慢步行走时，首先会移动它的左后腿，然后是左前腿，之后是右后腿，最后是右前腿。4 只蹄子以相同的间距落地，每两只蹄子的间距都等于步态循环总长的1/4。快步行走时，每次有两只马蹄同时着地，左后蹄和右前蹄一起，然后是右后蹄和左前蹄，时间间隔也是相等的。跑步的动作则要复杂得多：左后蹄首先着地，步态循环完成一半后右前蹄着地；再完成大约1/4 个循环之后，其他两只蹄子同时着地。总体来说，袭步比跑步更有规律性。马的左后蹄首先落地，紧接着是右后蹄，两者时间相差无几。在左后蹄落地并经过半个周期之后，左前蹄着地，右前蹄紧跟着着地。（跑步与袭步都有互成镜像的两种形式，我只讨论其中一种形式，另一种形式与之相同，只是左右互换。）

马在袭步前进时，如果忽略左右蹄着地时间的微小差距——两个后蹄同时着地，两个前蹄也同时着地——袭步就会变成蹦跳，这是兔子和松鼠的运动方式。狗在快速运动时也会蹦跳。马在溜蹄（走对侧步）时，两个左蹄同时着地，然后两个右蹄同时着地，这是骆驼和长颈鹿通常采用的运动方式。

猎豹在全速前进时会采用袭步，但它的步态与马的袭步略有不同。马的左侧腿（包括左前腿和左后腿）的着地时间早于对应的右侧腿，这种图形被称为横向式奔跑。猎豹的后侧腿也呈现同样的图形，但两只前蹄的着地次序正好反过来——先右后左，这种图形被称作旋转式奔跑。

　　我要讨论的最后一种四足动物步态叫作躬身跳，呈现这种运动图形的动物，4条腿同时着地。年轻的瞪羚有时会躬身跳，可能是为了迷惑捕食者。躬身跳具有高度对称性，4条腿任意交换位置，也不会改变着地时间。

　　第一个着重研究动物步态对称性的动物学家是弥尔顿·希尔德布兰德，他把步态分为对称步态（包括慢步、快步、蹦跳、溜蹄和躬身跳）和非对称步态（包括跑步和袭步）。在他看来，两者的不同之处在于，跑步和袭步与各自的镜像不同，而其他5种步态与各自的镜像是相同的。

　　真的一模一样吗？答案是：不完全一样。如果你从镜子中观察一只蹦跳的动物，看不出有什么明显的不同之处，因为它的左右腿每时每刻都在做同样的动作。然而，如果你观察的是一只正在溜蹄的动物，结果就会略有不同。当这只动物移动左腿时，从镜像看它移动的是右腿。这只动物和它的镜像都在溜蹄，但两者在时间上有差别。

　　我们再把动物的前后腿对调，来看看是否也形成了某一种对称。对调之后，溜蹄的动物看起来没有变化，但蹦跳的动物产生了半周期的相移。如果动物是在快步行走呢？此时，无论是左右对调，还是前后互换，都会产生半个周期的相移。但是，如果我们把每条腿和与之斜对的那条腿互换，相移就会消失，所有对应的腿都会在同一时间着地。

　　由此可见，步态的对称性与空间（各条腿交换位置）和时间（相移）都有关。认识到这一点之后，我们重新考虑一下慢步的特点。如果我们把动物的4条腿按照左后腿、左前腿、右后腿、右前腿的运动

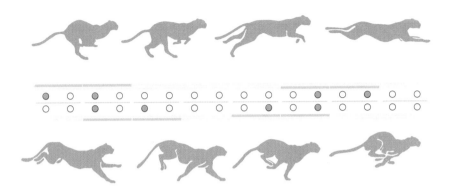

猎豹在全速奔跑时，它的步态（上图）令人印象深刻，这是典型的旋转式奔跑。马快速奔跑的图形与猎豹不同，被称为横向式奔跑（下图）。猎豹前腿的着地次序与后腿正好相反，而马前腿的着地次序与后腿相同。这两幅图显示的是动物的腿在地面上或离地的时长，以及腿刚刚着地的时间

次序排列，然后完成1/4个周期的相移，就会得到慢步行走的一个时空对称变换。也就是说，我们完善了希尔德布兰德对步态对称性的描述：他的5个"对称"步态都具有时空对称性，而且对称方式各不相同。

马术表演带来的重大突破 ———————————————————

　　动物步态是我的一个研究方向，这其中还有一个故事。动物运动的时空对称性与耦合振荡网络中自然产生的图形非常相似。大家可以想象许多钟摆弹性连接的情景，每个钟摆都可以独自振荡，也就是来回摆动。弹性连接可以将一个钟摆的运动传递给另一个钟摆，因此，搞清楚整个组合系统到底会发生什么，是一件非常有趣的工作。

　　我是怎么进入这个领域的？这一切都始于我发表的一篇关于有腿机器人的评论。我认为腿和耦合振子具有相似之处，然后提出了一个问题："有人愿意资助电子猫项目吗？"评论发表后不到24小时，我就接到了美国年轻的生理学家吉姆·柯林斯的电话。他说："我本人无法资助你，但我认识可以为你提供资助的人。"他坐火车来到考文垂，随后我们开始了持续至今的合作。我们还没有建造出电子猫，但我为一个电视节目制作了一匹动作灵活的马。

　　动物运动中最明显的振子是动物的腿，但这其实是一种误导，因为步态运动图形的根源不是腿。虽然腿呈现出运动图形，但真正重要的是动物神经系统中的回路，它向肌肉发出信号，肌肉使腿做出各种动作。这种中枢图形发生器是一个耦合神经振子网络，可能位于脊柱内部或附近（如果这种动物有脊柱）。

我和吉姆研究了四振子网络和双振子网络中的自然数学图形，发现前者可以逼真地模拟四足动物的步态，后者则与两足动物的步态高度相似。后来，我们把研究范围扩展至六振子网络和六足动物（昆虫）。接着，经常与我合作的马丁·戈卢比茨基发现了一个技术难点。所有四振子网络都不能完美再现四足动物的运动状态，因为模拟研究存在一个缺陷。

我们最终发现，要在这个特定的数学框架下设计出可行的中央图形发生器，唯一的办法就是为每条腿设计两个振子，分别实现推和拉的功能。我们不知道这个想法是否正确，但在它的引领下，我们至少完成了大量有意思的数学推演工作。此外，我们还得出了一些关于真实动物的具体预测，而且有越来越多的证据证明这些预测是正确的。

例如，我们预测四足动物应该还有一种步态。在每小节四拍的节奏下，这种步态的具体过程如下：

第1拍：两条前腿着地。

第2拍：两条后腿着地。

第3拍：没有任何腿着地。（4条腿或者在地面上，或者在空中，但都不会在此时正好着地）

第4拍：没有任何腿着地。

我们查阅了步态的文献资料，却没有找到关于这种图形的说明，但是根据我们的理论，这种步态应该是存在的。我们称之为跳跃。

在马术表演中，暴躁的野马想方法要把骑在它
身上的骑手甩下来，这正好填补了数学家在预测
动物步态图形时的遗漏。补上这一项之后，数学
家的步态分类就与大自然使用的图形正好吻合
了。在上图所示的"跳跃"步态中，马的 4 条
腿分成两组先后着地，间隔时间极短。在随后的
一瞬间，马腾空而起，4 条腿都离开了地面

这件事一直困扰着我们。

马丁在休斯敦大学工作。在得克萨斯州，马术表演十分受欢迎。在我们研究八振子网络期间，城里正好在举办马术表演，我们就去看了。当骑手骑上暴躁的野马时，我们不约而同地伸长了脖子，掰着指头数了起来。那匹马的两只前蹄首先着地，然后两只后蹄迅速着地。接着，马腾空而起，似乎悬浮在那里……之后，它又开始了同样的动作，一遍又一遍……直到骑手被它甩下来。

这似乎正是我们苦苦寻觅的步态。后来，我们拿到了马术表演的录像，并把它拷贝到电脑里，然后一帧一帧地研究，试图精确计算出每条马腿的落地时间。结果发现，这正是我们预测的跳跃，误差不到1/20秒。不敢说证据确凿，但是……

六条腿的昆虫

四条腿为诸多不同的步态图形创造了条件。如果有6条腿（昆虫有可能有6条腿），就应该有更多的步态图形。无论是4条腿、6条腿，还是两条腿或100条腿，都遵循相同的数学原理。通过实际观察发现的昆虫步态，与根据理论推测出的图形分类高度吻合。在这个研究领域中，最受欢迎的实验动物是蟑螂。在低速运动时，6条腿的蟑螂通常采用四足动物的慢步，依次移动左后腿、左中腿、左前腿、右后腿、右中腿、右前腿。就像马和大象一样，蟑螂迈出每一步的时间间隔也相等。这种图形被称为异相步态（metachronal gait）。

当蟑螂需要快速移动时，它会使用三角步态（tripod gait）。这种

步态相当于六足动物的快步，6条腿分成两组，每组中的三条腿同时
移动。一组包括左前腿、左后腿和右中腿，另一组包括右前腿、后
右腿和左中腿。就这样，6条腿形成相互重叠的两个三角形，以相同
的间距交替移动。三角形结构有很大的优势，所以摄影师才会把照相
机安放在三脚架上。三脚架结构稳定，而且可以架设在不平坦的地
面上。

　　除了昆虫以外，研究人员喜欢的多足动物还有蜘蛛（8条腿）、淡
水鳌虾（10条腿）、蜈蚣、千足虫等。蜈蚣特别受欢迎，因为它们的
腿非常多，我们可以更清楚地观察到步态的规律。我们知道，当蜈蚣
运动时，身体两侧的步足会形成一波一波有节奏的涟漪。这些波从后
向前涌动，身体两侧的波正好反向同步，人类行走时两条腿的动作同
样是反向同步。几个完整的波连在一起，有可能正好等于蜈蚣的身长。

　　像马、蟑螂和人类一样，蜈蚣的运动也有几个不同"挡位"。在
低速挡时，蜈蚣的身体可以形成三个或更多完整的波。随着速度增
加，其身体两侧的波的数量会逐渐减少，身体不停地左右摆动，而身
体重量则始终落在少数几条腿上。蜈蚣在野外环境中高速运动时，有
时只有三条腿与地面发生接触，尽管它可能一共有40条腿！

　　虽然我们介绍的这些步态看似各不相同，但它们都有一些共同特
征。在所有步态中，腿的运动都会形成两条行波，一条在动物身体的
左侧，另一条在动物身体的右侧。通常，这两条波都是由后向前涌动
的。动物身体两侧的两条行波主要分成两大类型：要么同步，要么异
相。中央图形发生器的数学模型表明，动物步态的所有多样性表观基
本上都是对这种基本的共同结构的修饰。

　　这种共同结构从何而来？我认为它来自进化。四足哺乳动物和

六足昆虫的早期祖先是节肢动物。节肢动物由多个体节构成，每节有两条腿，分别位于身体两侧。除了头部和尾部，所有体节的形状基本相同。体节上除了有腿，还有控制腿脚运动的神经回路。中央图形发生器的数学模型可以模拟节肢动物的对称性：它的固有振荡图形是行波，分别位于身体两侧，两者同步或异相。

节肢动物在进化过程中，会丢弃某些体节（以及体节上的附足），或者把不同体节融合到一起，或者改变体节结构，以便完成特殊任务。昆虫的头部有6个融合体节，胸部有3个（每个体节都长有一对

蜈蚣的腿可能没有 100 条，但数量的确非常多。蜈蚣是如何行走的？蜈蚣在运动时，身体两侧会形成行波，而且这些波的位置左右交替。千足虫的运动方式与蜈蚣类似，但两条波同步

附足），腹部有8~11个。大象可以被视为某种节肢动物先祖仅剩下两个体节的代表性动物，它体内可能还遗留有其先祖的步态控制回路。最近，美国生物学家兰迪·班尼特及其同事发现，如果面粉虫幼虫体内的两种基因（Ultrabithorax 和 Abdominal-A）被关闭，面粉虫就会长出22个体节。由此可见，动物远祖的结构特点仍然潜藏在现代动物的基因中，但通常处于被抑制的状态。

有足机器人

我们为什么要研究步态呢？这项研究能改良马的品种吗？不能，但它很可能会改进机器人的品质。

现在，世界上几乎所有汽车都是在机器人的帮助下组装起来的，但这些机器人与艾萨克·阿西莫夫科幻小说中的机器人不同，它们的

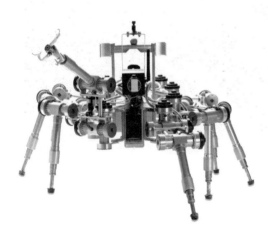

有足动物的步态是现代技术的一个重要灵感来源。工程师们对车轮的理解已经非常透彻，大多数车辆都是依靠车轮行驶在平坦的道路上。然而，从理论上看，在不规则地形上移动时，腿脚的效果应该优于车轮。机器人专家正在设计有足机器人，希望可以从大自然中汲取灵感，以便控制机器人的动作，防止它们摔倒

外形根本不像人类。工业机器人大多是固定不动的，若要移动，则往往需要借助轮子。然而，有足机器人的研究正在迅速发展，机器人专家发现他们可以从大自然中获取有用的技巧。通过研究有足动物的运动方式，他们可以制造出更优良的有足机器人。

给机器人装上脚有什么益处呢？答案是：它们就可以在不适合车轮和威胁人类安全的地形中移动，并完成任务了。世界各地的军用靶场都有大量未爆炸的弹药。因为把靶场建在优质土地上无异于浪费资源，所以靶场的地面状况通常十分糟糕——岩石丛生或长满荆棘。把寻找并安全处理未爆炸弹药的任务交给人类，实在太危险了，而用造价低廉的机器人来完成这项任务显然高效得多。机器人还可以应用于排雷任务，这与前一项应用基本相同，只是工作环境稍有不同。机器人的另一项潜在应用是关闭核电站。由于高强度射线的照射会造成致命伤害，所以关闭核电站的工作必须通过机器人远程完成。核电站内的地形，尤其是在拆除过程中，不适合使用轮式机器人。

"好奇号"火星探测车探索了火星上的一小片区域。它有 6 个轮子，但在移动时必须小心翼翼。未来的有足机器人将更适合于行星探索

更令人兴奋的是，有足机器人可以应用于行星探索。火星和金星上没有道路，至少目前还没有。而迄今为止，所有探索机器人都是轮式机器人，著名的"索杰纳号"火星探测车有6个轮子。但是，如果可以制造出安全可靠的有足机器人，探测效果肯定更好。这就是问题所在。就目前的知识水平而言，有足机器人的故障发生率过高，直立行走也是一个棘手的问题。

世界各国（特别是美国和日本）的机器人专家正致力于设计和制造实用型有足机器人，美国新墨西哥州洛斯阿拉莫斯国家实验室的马克·蒂尔登就是其中之一。他专注于小而独立的四足机器人。这种机器人依靠太阳能提供动力，运动方式与昆虫相似。此外，蒂尔登还制造了一台与小狗体形相仿的有足机器人，用于搜寻未爆炸的地雷和炮弹。在理想情况下，该机器人无须引爆就可以检测到未爆弹药，并报告它们的位置。尽管它有时会踩到地雷，失去一条腿，但没有关系，

协和飞机在超声速飞行时，利用机翼和机身后面的涡旋获取抬升力。但是，根据经典空气动力学，协和飞机与蜜蜂都不具备飞行能力。现代飞行理论则比较精细，可以解释其中的原理。蜜蜂快速扇动翅膀，可以在翅膀前缘形成旋涡，从而产生抬升力

因为它是机器人，而且蒂尔登的机器人都非常结实。他设计的机器人可以用三条腿走路，也可以用两条腿走路，甚至可以用一条腿走路。所以，每次爆炸只会炸掉1/4个机器人。

美国俄亥俄州克利夫兰市的凯斯西储大学有三台机器人，它们的名字极富想象力，分别是机器人一号、机器人二号和机器人三号。这些机器人是计算机科学家兰德尔·比尔和生物学家罗伊·里茨曼、希勒尔·契尔合作开发的，它们有6条腿，还有模拟昆虫神经系统的运动控制系统。对昆虫运动方式的研究极大地提高了这些机器人的性能。而且，在人们掌握了精确测量机器人移动时腿部受力情况的能力之后，这种能力反过来又可以帮助人们更好地理解昆虫腿脚的工作原理。

美国东北大学的约瑟夫·艾尔斯，制造了拥有8条腿的机器人龙虾。这是一台纯实用型机器人，艾尔斯认为，可将它用于建造遥感潜

水器。无独有偶，美国加州大学伯克利分校的迈克尔·迪金森正在研制机器人苍蝇；麻省理工学院的迈克尔·泰安塔菲罗制造了一条机器人金枪鱼，用于研究鱼类是如何利用水下旋涡获取推动力的。

蒂尔登有一个更远大的愿景。他认为微型太阳能自主机器人是太空探索的未来。如果能制造出数千台类似的机器人，给它们装上通信设备，就可以把信息传递到功率更大的基站。如果把它们送到火星上，就可以把许多信息传递给我们。

蜜蜂的飞行原理

我们讨论了生物是如何利用腿脚行动的，那么，有翅膀的动物又是如何行动的？

飞行为进化提供了一个新维度——向上。很多动物都发现了这个新维度带来的巨大优势，包括昆虫、蝙蝠、鱼（借助流线型鱼鳍完成短程滑翔）。此外，飞狐、松鼠、青蛙、蜥蜴，还有蛇，都是滑翔高手。当然，飞行运动中动作最优雅、成就最高的无疑是鸟类。当飞行第一次被纳入进化范畴时，各种生物体为了离开地面想尽一切办法，成功之后，它们又绞尽脑汁想要增强这种能力。蜻蜓是一个更极端的例子。从二叠纪甚至可能是石炭纪留下来的化石看，蜻蜓的翼展曾达到20英寸，但因无法在竞争中生存下来，它们放弃了这方面的努力。

鸟类比蜻蜓好一些。它们可能是恐龙的分支（20年前，人们认为这个说法匪夷所思，但现在它已经被多数人接受了），但在一颗巨型陨石袭击尤卡坦海岸并终结恐龙王朝时，鸟类已经从恐龙族谱中分离出去达数千万年之久。最近，有人提出鸟类是从爬行动物中分离出去的，而且时间更早，但这个说法引起了激烈的争议。鸟类成为飞行高手，依赖的主要工具并不是翅膀（从本质上看，翅膀就是经过改良的腿），而是羽毛。羽毛轻而结实，特别适合飞行。

因为空气是透明的，所以单凭肉眼观察，是无法了解生物飞行的原理的。鸟类在飞行过程中，翅膀后缘的空气因为旋转而形成一种有规律的旋涡，鸟类就是利用这些旋涡来获得抬升力的。人类工程师直到不久前才明白这个技巧，比鸟类晚了一亿年之久。

事实上，鸟类至少会使用两种"步态"——两种不同的涡旋图形。仔细观察就会发现，鸟类的翅膀在进行一系列有节奏的两侧对称运动，这与四足动物的弹跳非常相似。但是，如果你能看到空气的流动（可以使用烟雾或借助其他方法），就会发现有的鸟可以产生一个由不连贯的环状涡旋构成的涡区，好像一连串的烟圈；有的鸟则会产生一个连续的涡区，相邻的旋涡彼此融合。

人类花了很长时间才获得了这个发现。直到不久前，人们还普遍认为蜜蜂是空气动力学中的一个奇迹。它的翅膀形状不利于飞行，而且表面积太小，产生的抬升力应该不足以让其停留在空中。尽管面临这样的不利局面，蜜蜂也没有从天上掉下来。蜜蜂飞上了天，它不是微型固定翼飞机，也不需要遵循人类辛辛苦苦总结出来的空气动力学原理。

现在我们已经知道蜜蜂和其他昆虫是如何完成这个反直觉的壮举的。蜜蜂左右两边的翅膀向上扇动时，几乎可以碰到一起。翅膀向下挥舞时，其尖尖的前缘就会形成前缘涡。前缘涡"驻留"在翅膀上方，形成抬升力，并慢慢消失在翼尖处（目前，我们还没有完全理解其中的原理）。这个飞行方法要求翅膀面积不能太大，但振翅速度必须很快，这就是蜜蜂飞行时会发出嗡嗡声的原因。人们用"猪飞上天"来比喻不可能的事，也是出于这个原因。

五花八门的运动方式

养宠物的人主要有两种。一种人喜欢养猫、狗、虎皮鹦鹉等传统动物，而且通常只养一种。另一种人则喜欢养蜥蜴、蛇、狼蛛等稀奇古怪的宠物，而且一养就是多种多样。为什么呢？因为这些人追求的就是特立独行，而不是特别喜欢某一种，这个特点必然产生差异性。

如果宠物主人喜欢养那些运动方式比较独特的动物，可选项就非常多，例如，会跳跃的蛆（果蝇幼虫）。地中海果蝇的幼虫可以把身体绷紧，两头凑到一起，弯曲成U形，从而产生相当大的弹性张力。一旦它猛地松开，就可以跳到远处，令捕食者大吃一惊。

此外，还有人养角响尾蛇。大多数蛇在滑行时，身体会呈现一连串弯曲的S形，但栖息在墨西哥和美国西南部沙漠地带的角响尾蛇却与众不同。它们在运动时身体会盘绕成好几圈，然后弹起并在空中翻滚，就像在平面上的有棱角的螺旋弹簧一样，朝着侧方"滚动"。由于身体与灼热的沙子有接触，所以其身后会留下独特的痕迹——大致平行的一组斜线。角响尾蛇为什么会采取这种奇怪的运动方式呢？可能是为了让身体尽量不接触灼热的沙子吧。

人类发明的可移动机械几乎全部需要借助轮子。在动物世界里，轮子应用得非常少，可能是因为它们的道路设施不够发达吧。对轮子

动物界可以观察到很多种不同的运动方式。有的有腿生物运动起来就像踩在轮子上一样。例如，车轮蜘蛛可以把自己的腿变成辐条，然后在地上滚动（左图）。角响尾蛇（上图）为了尽量不接触沙漠中灼热的沙子，可以把身体变成瓶塞钻的形状，向侧前方翻滚

而言，最重要的技术进步是修建方便轮子滚动的平坦道路。车轮蜘蛛会使用轮子，但它用的是辐条轮。这种生活在沙漠中的小型生物通常会像所有自尊心很强的蜘蛛一样，用 8 条腿行走。但是，在赶时间时，比如摆脱捕食者的追捕时，它就会侧身并弯曲膝盖，把自己变成一个宽宽的"轮圈"，然后以惊人的速度滚下沙丘。珠光蛾的幼虫在逃命时，也可以将身体盘成轮状，然后以正常速度的 40 倍向后翻滚，但它只能滚动 4~5 圈。在生物体构成的轮子中，最令人惊讶的也许是某些细菌用来转动尾巴的小型分子马达。从外观上看，大肠杆菌的鞭毛就是一种可以左右摆动的长鞭状突起。

1974 年，美国微生物学家霍华德·伯格发现大肠杆菌的鞭毛是刚性的。它们盘绕成螺旋结构，从侧面看，就像一条波浪状的正弦曲

线。一条波浪状的尾巴有很强的说服力，这使观察者对自己的观察结果深信不疑，但是鞭毛的整体结构给人一种更奇特的感觉。螺旋结构的底部是一个圆圆的微型"转子"——分子轴承。螺旋结构的末端就插在这根轴承上，使之可以旋转。整个大肠杆菌就像一艘小船，船尾有螺旋桨推进器。数学形式主义者曾经认为，水中微生物的运动方式与大型生物迥然不同，因此传统流体动力学的很多内容都值得反思。这些生物体型微小，惯性效应失去了用武之地，它们最大的倚仗是黏度和布朗运动。这里的黏度是指水的黏度，对细菌而言，水的黏度非常高，布朗运动则是指分子来回运动时的随机振动。对体积较大的物体来说，黏度的影响虽然不可忽视，但效果要弱一些，布朗运动的影响则可以忽略不计。因此，大肠杆菌无法主动寻找营养物质，只能坐等随机振动把营养物质送上门来。单个细菌的"刹车距离"非常短，当它的分子马达停止转动时，细菌就会停在比氢原子直径还小的距离内。更确切地说，细菌可以停止前进，但它周围的分子还在不停地振

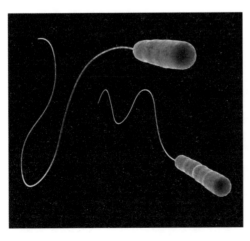

对体型极小的细菌来说，水就像黏稠的糖浆。因此，它们只好形成特有的螺旋式运动方式。为了解决运动问题，它们进化出一种"螺旋桨"。这种结构与船用螺旋桨一样，在微型分子马达的驱动下可以旋转

动，在它们的左推右搡之下，细菌每秒钟会移动相当于一个身长的距离。为了理解这些微小生物在这种介质中的运动原理，人们引入了 20 年前尚不存在的动力学概念。

回到过去

周期循环具有时间对称性，即周期整数倍的时间变化不会使循环发生任何变化。此外，它还具有一种富含物理意义和哲学意义的时间对称性——时间反转，相当于"时间镜面"上发生的"反射"。

如果时间倒流，会怎么样呢？这样一个前后颠倒的世界似乎非常奇怪：熟鸡蛋会变成生鸡蛋；掉在地上摔碎的盘子会自动复原如初；成年人的身高不断降低，变成孩子，然后变成婴儿，最后回到母体子宫中。

不可思议吗？从理论上讲，这在我们生活的世界里是有可能发生的。根据物理定律，宇宙可以通过时间镜面实现逼真的反射——无论时间正向流动还是逆向流动，自然法则都是一样的。熟鸡蛋可以变成生鸡蛋，破碎的盘子可以复原如初，成年人可以变回孩子。这些事件完全符合宇宙运行的所有基本法则。

然而，根据我们的认识，宇宙的时间向量是确定不变的：鸡蛋由生而熟，盘子被打碎，孩子长大成人。我们的意识以秒为度量沿着这个向量向前滑动，这种单向宇宙和它的双向可逆法则似乎格格不入。那么，在整个宇宙中是否存在一种之前被我们忽略的前向-后向的时间对称性呢？

或者说宇宙自行选择了一个固定的时间向量?

从一定程度上讲,即使我们的宇宙有一个固定的时间向量,自然法则在时间上也是可逆的。自然法则可逆意味着可能存在另一个宇宙:它的时间向量与我们正好相反,但遵循的法则却与我们完全相同。如果我们所在的宇宙在所有可能的时间镜面上都具有时间对称性,那么一切都将化为乌有,时间也将失去意义。

那么,为什么我们的宇宙会选择盘子摔碎而没有选择盘子复原这个时间向量呢? 这可能只是一个偶然,它也可以像马丁·埃米斯在《时间之箭》和菲利普·K.迪克在更早的作品《反时钟世界》中所描述的那样,变成另外一种情形。还有一种可能是,只有我们生活在这样的宇宙之中。如果我们的大脑可以逆时运行,在我们看来,所有的事件就都前后颠倒了。果真如此的话,我们是不是会认定让时间朝着某个特定方向流动的始作俑者其实就是我们的意识呢?

长久以来,自然规律表现出来的奇怪的对称性——时间反演,一直困扰着物理学家。如果时间倒流,宇宙仍将遵循同样的规律。大爆炸形成了一个不断膨胀的宇宙,当时间倒流时,宇宙就会不断收缩,最终以大挤压结束

　　如果我们经过深思熟虑，认真地为我们的宇宙建立一些时间反演的情景，比如摔碎的盘子复原如初，我们很快就会发现，完整的盘子掉在地上摔成碎片，与未来可以拼接成完整盘子的碎片，两者之间有一个重要的不同点。盘子摔碎完全是由局部原因导致的。盘子掉在地上，就会砰的一声摔成碎片。整个过程是由某个行为引发的。没有人会相信宇宙中与之无关的各个部分串通一气，设计了一个摔碎盘子的阴谋。然而，如果你想让破碎的盘子复原如初，就必须找到所有碎片（并保证这些碎片正好可以拼接成一个完整的盘子），然后施加适当的力使它们进行完美的拼接。与此同时，你还得在地面上制造一些振动波，让它们由远及近，在碎片完成拼接的一瞬间正好到达。随后，盘子被抛向空中，等待在那里的手正好一把抓住了它。由此可见，让破碎的盘子复原如初的因果链并不仅限于局部，还与远方同步发生的其他事件有关。

灯泡破碎后，如果所有碎片都能以合适的速度沿着合适的方向聚拢到一起，这个灯泡就有可能复原如初。但是，要实现这个目的，即使是单个原子的振动也必须在我们的掌控之下

因此，我们可以借助这个办法，把时间向量的两个方向区分开来。在人类宇宙中，因果关系大多是局部的，非局部的因果关系非常罕见。我们的意识（或者我们影响环境的能力）是通过局部因果关系发挥作用的。我们会注意到像盘子这样的事物，并可以把它们捡起来，但是我们不会注意到，在以适当方式振动的地面上的那些碎片可以拼接成一个完整的盘子，我们也没有办法把这些碎片拼接到一起。因此，时间向量之所以呈现出当前的模式，可能是因为我们只会处理局部因果关系。尽管时间可能有两个方向，但我们只能在其中一个方向上体验宇宙的对称性破缺。

第三部分 简单图形与复杂图形

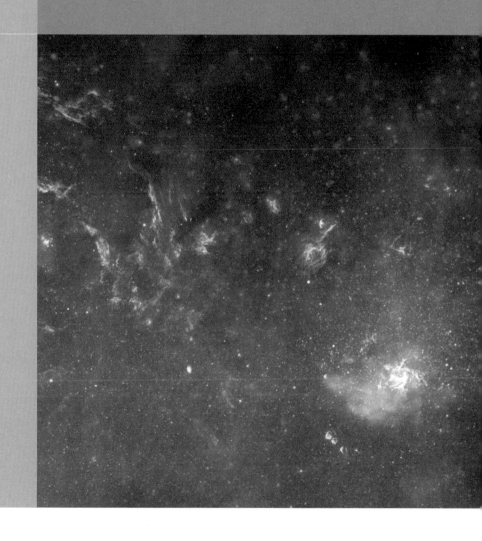

第 12 章
复杂性和突变

通过探索自然界中各种图形的根源，我们揭示了哲学领域的一个又一个深层次的奥秘。之前，人们的观点十分简单：宇宙看似很复杂，但是世间万物都遵循着一些简单的数学法则。所谓的图形的自然规律证明了这些简单法则的确存在，它们也是这些简单法则的直接结果。然而，人们现在逐渐意识到，法则与图形之间的联系（一种因果关系）并不是那么简单和直接。

如果只是简单和直接的因果关系，简单法则在简单的环境中就一定会产生简单的图形，复杂法则在复杂的环境中也一定会产生复杂的图形。也就是说，它们应该遵循"复杂性守恒"原则，即原因的复杂性或简单性必然原封不动地传递给最终结果。

现在看来，这种观点是不正确的。但我们需要时间去验证，因为我们似乎倾向于认同这样一个原则：在谈论某些事情时，我们常常问简单性和复杂性从何而来，就好像它们另有渊源，只是后来才传递到这些事情上一样。我们认为某个图形一般是来源于另一种更深层次的图形。简单的万有引力定律产生了椭圆轨道，对此我们欣然接受；但是，如果简单的万有引力定律产生的是不规则轨道，或者产生椭圆轨道的万有引力定律非常复杂，我们就难以接受。在时间倒流的情况下，我们不知道完好无缺的盘子从何而来，这是时间反转的宇宙令我们感到困惑的主要原因之一。

科学技术需要解决的问题以及科学家和数学家的兴趣正在迅速改变。每天，我们都会面临新的问题，产生新的想法和疑问。身处科学前沿的研究人员已经认识到，简单的原因经常产生复杂的结果，而复杂的原因又经常产生简单的结果。但是，相关过程非常复杂，给人留下一种自相矛盾的印象。

一个叫作元胞自动机的数学电脑游戏把这个问题演绎得淋漓尽致。游戏的初始状态是一个由彩色方块构成的网格。每走一"步"，方块都会根据固定的规则改变颜色。例如，如果红色方块被3个绿色方块和5个黄色方块包围，它们就会从红色变成蓝色。

我们可以很容易地在计算机中建立这样一个系统，运行它并观察结果。但是，要对结果做出正确的解释，却困难得多（实际上，通常是不可能的）。例如，约翰·霍顿·康威发明的一种名为"生命游戏"的元胞自动机，只使用了黑白两种颜色和三条简短的游戏规则。但计算机能做的事，"生命游戏"都能做，包括计算 π 的值、逐一列出质数、在文本中搜索"康威"这个词等。它完成这些计算的速度极慢，但速度慢不是问题。由于库尔特·哥德尔和阿兰·图灵在不可解数学问题上取得的深刻发现，这种缓慢的计算导致了一个后果：尽管我们知道"生命游戏"的规则，但我们无法预测任何一种黑白方块组合到底会产生什么样的结果。初始组合确定之后，规则最终会消除所有黑色方块，使网格上只留下白色方块并因此陷入死局吗？通常，我们没有办法预先知道答案。所有数学知识都告诉我们，这是一个数学无法解决的问题。在这个问题中，简单至极的因产生了复杂至极的果。

元胞自动机可以被视为具有"空间"结构、状态有限（单元的颜色）的动态系统，因此，它们在生态系统模拟中得到了广泛应用。例如，用红色单元代表饥饿的狐狸，蓝色单元代表吃饱的狐狸，灰色单元代表兔子，绿色单元代表植物。然后制定一些规则，以反映生态系统的现实状况。例如，饥饿的狐狸（红色方块）将向最近的兔子（灰色方块）移动，把兔子吃掉后就会变成吃饱的狐狸（蓝色方块）。灰色方块则会吃掉绿色方块。每个方块只有一次存活机会，但有若干种状态，包括活、死、饥饿、吃饱、准备繁殖。定好规则之后，它就可以产生惊人的逼真效果。借助这些技术，计算机就可以对复杂生态环境（例如松鸡猎场、雨林、珊瑚礁）的动态情况做到了如指掌。

分岔和突变

复杂性无须依赖复杂的规则，它也可以由简单的规则产生，这是我们的一种宝贵的直觉，但现在它会导致某些问题。与之相反，某些系统从具体细节上看似乎非常复杂，例如珊瑚礁或雨林，但是它们的整体特性遵从一些简单的图形。复杂适应系统理论（complex adaptive systems）是现代数学的一个热门研究领域，也是非常重要的新领域，它研究的就是自然界中的这类现象。

我们认为，原因发生的微小变化应该也会使结果发生微小的变化。这是我们的另一种宝贵的直觉，这种现象经常发生在生物学领域，比如新物种的形成。变种是渐进性变化，但出现一个新物种则是变异。因此，进化生物学家希望找出新物种产生的原因，比如洪水泛

滥或形成新的山脉。就复杂性而言，我们直觉上认为渐进的原因必然
产生渐进的结果，但这种直觉也是错误的，至少有时是错误的。通常
情况下，原因发生微小的变化，会使结果也发生微小的变化，但有时
也会导致结果发生巨大的变化。虽然后一种情况非常少见，但却不可
避免。

　　我们早就知道这个问题了，但却没有意识到它会对数学产生某
种影响。举个例子，"压垮骆驼的是放到它背上的最后一根稻草"。不
断地往骆驼背上放稻草，相当于一个慢慢变化的原因。在很长一段时
间里，结果的变化也非常缓慢——骆驼似乎注意不到它背上的稻草越
来越重。但是，随着稻草越来越多，骆驼逐渐不堪重负，背挺不起来
了，腿也颤抖了……当最后一根稻草放上去时，骆驼猛地摔倒在地。
在某个微小的外部事件的作用下，处于某个临界状态的系统突然发生
剧变的现象叫作分岔或灾变。早在20世纪60年代，数学领域就出现
了一个叫作"突变论"的分支，目的是为整个领域建立某种程度的秩
序。该理论的创始人勒内·托姆、克里斯托夫·塞曼与多位数学家、
物理学家、工程师一起，提出了与突变有关的一系列典型的几何形
状，并试图将它们应用于多个科学领域。

　　其中一个科学领域是动物行为研究。塞曼通过一些定性证据，指
出可以利用突变论为狗的攻击性行为建模。在恐惧和愤怒等情绪的影
响下，狗的状态有可能从胆怯突变为富有攻击性，然后再变回来。没
有人用狗做过实验，但关于领域意识很强的鱼类的研究证明，它们的
攻击性与这个模型高度吻合。

　　工程技术借鉴了骆驼背与桥梁的高度相似性，对桥梁在负荷过大
时弯曲变形或坍塌的情况进行了类比研究。托姆的一个突变原型与这

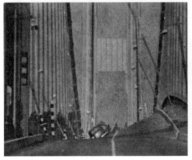 

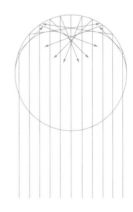

数学上的突变（渐进原因引发的突然变
化）未必会导致真正的灾难。有时，它的
确会造成大灾难，比如塔科马海峡大桥在
越来越强的风力作用下弯曲变形，最终断
裂、坍塌（上图）。但有时，它不会造成大
灾难。咖啡杯中的焦散线是光线被咖啡杯
反射后形成的图形在亮度上发生的突然变
化（右图）。这些现象的基本数学原理都相同，
但表现形式大相径庭

项研究密切相关，研究成果可以完美地应用于焦散线技术。焦散线是光线向焦点聚拢形成的明亮曲线。在阳光明媚的日子里，在装满咖啡的杯子上部就能看到焦散线。你可以看到有两条明亮的曲线相交，形成一个清晰的亮点。这些曲线是由光线照射到咖啡杯闪亮的圆边后反射形成的，它们构成的复杂形状与托姆的一个突变原型完全相同。还有一种形状大不相同的焦散线，可以把雨滴反射的阳光集中到一起，形成明亮的圆锥图形。看到这里，你也许会想起圆弧状彩虹的成因。

由于"catastrophe"这个英文单词有"灾变"的意思，所以不适用于表示突变的概念。这个词已经不流行了，人们现在普遍接受的是"bifurcation"（分岔）这个更中性的词。如果某个系统的状态在微小外部变化的作用下发生了显著的变化，科学家就说它发生了分岔。目前，人们已经建立起内容广泛、功能强大的分岔理论，可以帮助我们理解各种动态系统中发生的突变。我们现在应该知道，雪的形成过程就是水分子系统状态发生的分岔。

相变

雪花的形成过程涉及一种重要的分岔——凝固。如果水的温度低于凝固点32华氏度，就会从液态变为固态。水温的微小变化会使水的分子结构和物理性质发生质的变化。沸腾是温度变化引发的类似显著变化。当温度升高至沸点212华氏度以上时，水就会变成蒸汽。物质状态的主要变化，例如从液态变为固态或从液态变为气态，被称为相

当物质状态发生显著变化时，就会发生相变。金刚石（上图）和石墨（下图）都由碳构成，但由于晶体结构不同，金刚石的硬度比石墨大。石墨是一种柔软的碳，它的晶体结构是柔软的蜂窝状结构。从理论上讲，石墨可以通过相变变成金刚石，但我们必须施加巨大的压力，才能克服这两种状态之间的巨大能量障碍

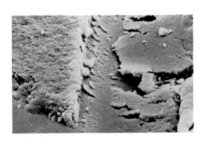

变。相变都是分岔，而且是高度复杂的分岔，因为它们都与大量原子的集体行为有关。

结晶是一种相变。当熔融的固体冷却，或者固体溶解在液体中，液体随后又大量蒸发时，就会发生结晶现象。根据物质原子的对称性（或不对称性），某类物质可能有若干固相。例如，碳结晶后可能是石墨（黑色，质地柔软，看起来像灰尘，价格很低），也可能是金刚石（透明，质地坚硬，价格很高）。两者的不同之处在于原子，石墨和金刚石都是纯净的碳，但碳原子的排列方式不同。在金刚石中，每个碳原子都与其他4个构成正四面体的碳原子相连，所有原子通过立方晶格紧密地结合在一起，形成一种非常稳定的结构。在石墨中，每个碳原子与3个构成平整六边形晶格的碳原子紧密相连，而与第4个碳原子的联系则非常弱。所有原子形成平行层，层与

层之间可以轻松地相对滑动，形成一种不太稳定的结构。这就是石墨质地柔软的原因。水变成冰时，情况大致也如此。

冰的晶体结构至少有16种，其形态取决于压力和温度。常见的冰是冰一，此外还有冰二到冰十六。在库尔特·冯内古特的小说《猫的摇篮》（*Cat's Cradle*）中，一小团冰九意外掉到海里，致使常温的海水都变成了冰九，世界末日到来。幸运的是，真正的冰九不会有这样的威力。

磁性也是一种相变。大家都还记得在学校玩磁体的情景吧？磁体周围有某种无形的力量，这些力量可以控制指南针的指向，还可以让铁屑排列出美丽的图案。因此，我们都觉得它们很特别。我们还切实体验到一个磁体的北极会排斥另一个磁体的北极，吸引它的南极。我们看到和体验到的是磁场的影响，磁场和宇宙中的其他事物一样真实，但对我们来说却非常神秘，因为我们的感官无法直接感知它的存在。

当电子的微小磁场有序排列且相互增强时，就会产生巨大的磁场。热使原子发生振动，从而破坏原子的整齐程度。当温度超过居里温度（铁的居里温度约1 400华氏度，即770摄氏度）后，磁铁（之所

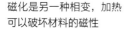

磁化是另一种相变，加热可以破坏材料的磁性

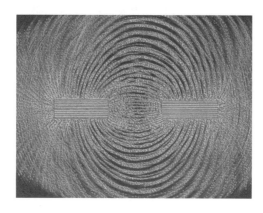

以如此命名，是因为铁是其中一种）就会发生明显的相变，由磁体变成非磁体。

物质为什么会有不同的相态呢？

物理学家通过研究简化的特殊数学模型，对相变有了深入的了解。在这些模型当中，最著名的是伊辛模型。1925年，瑞典物理学家古斯塔夫·伊辛对该模型进行了分析，因此人们以他的名字为该模型命名。在模型的平面上，正方形晶格的每个顶点都有向上和向下这两种可能的状态。在物理学上，这两种状态对应电子自旋的方向。相邻的顶点之间存在相互作用，所以每个电子的自旋都受相邻电子自旋的影响。研究表明，在临界温度（可以计算出精确值）下，自旋图形会发生突变，即分岔。伊辛模型表明，相变与物质对称性的变化有关，但这里的对称性是指一种非常奇怪的对称性，即平均属性的统计对称性，而不是单个成分的对称性。

冰和碳的相变在具体细节上要比伊辛模型复杂得多，但我们同样可以把相变看作大量分子在对称性上发生的变化。

晶体的对称类型不同，拥有的能量就不同，在压力和温度的影响下还会发生变化。分岔是一种重要的变化，是突然发生的质变，产生不同相态的正是这些变化。

对称性破缺

我们现在离问题的核心已经越来越近了。

固–固相变中发生的对称性变化提出了一个与所有现代图形形成

理论的核心内容都密切相关的问题。就像复杂性和突变一样，这个问题会启发我们的直觉，使我们敢于对一些神圣但又语焉不详的信念做出重大修正。

1894 年，曾经与妻子玛丽·居里共同发现镭元素的物理学家皮埃尔·居里提出了一个基本物理学原理。他认为，对称的因必然会产生同样对称的果；反之，如果你看到一个不对称的现象，那么可以确定这个现象应该是由不对称的原因引发的。现实世界中有两个例子，这两个例子都可以应用居里提出的这个原理，但在其中一个例子中，它并不能给出有意义的指示。从理论上看，居里提出的这个原理是正确的，但应用于实例，却具有误导性。

第一个例子是池塘里的涟漪。在数学家的反射理想化模型中，池塘是一个面积无限、质地均匀的厚水层，平面上的所有刚体运动（平移、旋转和反射）都不会改变它的形态。现在，我们把一颗石子（数学家的点状石子）扔进池塘。石子落到水面上，会产生一圈圈不断放大的涟漪。这个原因（即石子）不可能在平面上的所有刚体运动中保持不变，它所产生的结果同样如此。事实上，该原因将使平面上的某个点与众不同（石子击中水面的那个点与其他所有点都不同），因此，该原因的对称操作仅包括围绕该点的旋转，以及经过该点的镜面反射。而事件的结果（圆形的环）也恰恰具有同样的对称性，这也是我们能看到一圈圈波纹的原因。居里的理论在这个例子中是成立的。

第二个例子是，想象把一个乒乓球送到海底，会怎么样？我们同样借助数学家的理想化模型来考虑这个问题，于是，乒乓球就变成了由弹性材料制成的完美球形外壳。在海洋深处，乒乓球将受到巨大的压缩力。与海洋深度相比，乒乓球显得非常渺小，因此我们可以假定乒乓球的所有部位受到的压缩力大小相同，方向都正指球心。

这会产生什么样的结果呢？这次的原因具有球对称性，所以根据居里的对称性原理，乒乓球也应该保持球形。那么，它会缩小为一个小乒乓球吗？我不相信，你也不会相信。事实上，乒乓球的表面将出现褶皱。在数学上，褶皱是一个有趣的现象。研究表明，在本例中，当乒乓球的表面开始出现褶皱时，它会逐步产生一系列的波纹。这些波纹具有对称性，但不是球对称。相反，它们具有旋转对称性，旋转轴是一条经过球心的直线。

尽管如此，居里的理论仍然是正确的，因为褶皱需要满足某些条件才能产生。这里的条件是乒乓球材质上的瑕疵——可能是某个地方稍薄一点儿，或者稍厚一点儿，也可能是某个部位的强度比其他部

皮埃尔·居里认为，对称的原因必然产生同样对称的结果……但有时候情况未必如此。把一颗石子扔进池塘，其原因具有圆对称性，结果（池塘水面上向外扩散的一连串涟漪）同样具有圆对称性。空心球受到均匀压缩力的作用，其原因具有球对称性，而结果不具有对称性——空心球向里塌陷。但值得注意的是，空心球的塌陷图形具有圆对称性。这是对称性破缺的一个例子

位大或者小。那么，这是不是意味着居里又一次取得了胜利呢？是的，但仅此而已。第一，乒乓球的瑕疵可能非常微小，以至于你无法察觉。第二，无论是什么样的瑕疵，褶皱的初始图形都具有旋转对称性。随着时间的流逝，褶皱很快就会失去旋转对称性，最后变得乱七八糟。但是，如果在乒乓球内部放入一个略小的实心球，就可以防止出现这个结果。

由于居里提出的这个原理，我们希望找出褶皱具有旋转对称性的原因，但这样的原因并不一定存在。在观察的精度范围内，居里的原理可以解释球形的球，也可以解释褶皱的、不对称的球。但是，如果用这个原理解释本例中发生的真实图形，就会遇到极大的麻烦，因为该图形呈现出反直觉的旋转对称性。

如果结果的对称程度低于原因，我们就称之为对称性破缺。要解释这种现象，需要用到另一个要素，即稳定性。在海洋深处，乒乓球的球形状态是不稳定的，任何扰动都会破坏这种状态。但是，球的旋转对称褶皱图形是稳定的，至少在压缩力达到褶皱临界点之后的某个范围内是稳定的。也就是说，居里的对称性原理需要修改：对称的原因产生同样对称的结果，但在结果不稳定时，对称性就会被打破。

对称性去哪儿了？

对称性破缺似乎很奇怪，它违背了我们关于对称性的单纯直觉。

那么，它到底是如何形成的？

对称性去哪儿了？

　　然而，它可能哪儿也没去。既然复杂性不是守恒的，连续性也不是守恒的，那么对称性为什么要守恒呢？对称性确实是守恒的，但它的守恒方式非常微妙。

　　当海洋深处那只乒乓球开始出现褶皱时，它将关于某个对称轴成旋转对称。问题在于，到底是哪个对称轴呢？数学告诉我们，原则上它可以关于任意轴对称。比如，乒乓球可以在自上而下的那根轴周围产生褶皱，也可以围绕从左到右、从前到后，或者任何一条经过球心的直线产生褶皱。之所以说任何轴都有可能，是因为褶皱球体的方程忠实地反映了它的球对称性，它们是球对称性方程。

　　这意味着什么呢？答案是：如果你求出这些方程的某个解，让它进行空间旋转，由此得到的另一个解将同样满足这些方程。在理解居里的对称性原理时，如果认为旋转后的解与原来的解肯定相同，未免有些拘泥于字面意思了。如果你知道只有一个解（经典动力学经常这

样假设），居里就是对的。但是，动力学方程也可能有很多解，在本例中正确的解就不止一个。

简言之，特定的解可能打破原来系统的对称性，但所有可能的解放到一起，就会保持原来的对称性。对称性"分摊"给了多个解，造成对称性分摊的原因是对称解开始呈现出不稳定性。

我们以沙丘为例来解释这些概念。沙丘所在的基本系统是一个平坦、没有边际的沙平面，它们的上方有均匀的风在不停地吹。在所有的刚体运动中，沙漠都是对称的，但是风的方向排除了旋转对称操作（风是无法旋转的）和大多数反射对称操作（镜面与风向不平行的反射对称都被排除在外）。没有形成任何图形的沙漠，与我们刚刚描述的沙丘的基本系统在对称性上是一致的。但是，这种状态有时会不稳定，那些形状不一的小沙堆不是被抚平，而是越来越高。

接下来呢？

对称性破缺还可以解释为什么平整沙漠中平整的沙子在均匀风力的作用下形成了非均匀图形。事实上，在不同条件下，沙子可以形成多种不同的图形

对对称性破缺的数学研究表明，沙丘上的沙子将移动位置，以达到一种新的稳定状态。通常情况下，这种状态具有非常高的对称性。经验告诉我们，系统不会主动打破对称，而会尽可能地保持原来的状态。（当然也有例外，但并不多见。）例如，如果平移对称被打破，各个位置上的状态将不再保持一致。然而，沙漠可能会保留某些平移对称操作，例如，与风同向、平移某个固定距离或该距离的整数倍。此外，沙漠可能保留所有与风向垂直的平移操作（这是横向沙丘的对称操作，横向沙丘是指间距均匀、与风向垂直的平行沙脊），或者保留某个与风向不垂直的平移操作（这是线性沙丘的对称操作）。

类似的例子还有很多。

为什么斑马身上有条纹，而不是通体灰色呢？因为均匀的灰色是斑马化学属性的不稳定状态，对称性被打破后就会形成条纹。

为什么溅起的水花不是圆形的呢？因为圆形的状态是不稳定的，所以对称性被打破，变成了王冠状离散旋转对称和反射对称。

列出对称性的所有可能的子集，就会知道对称性破缺可能会形成哪些图形。在本例以及其他例子中，我们最终都会列出所有人看过的几乎所有图形。简言之，对称性破缺是图形形成的普遍机制。

那么，其余的对称性去哪儿了呢？再说一遍，它被分散在多个不同的解决方案之中。沙丘可能千姿百态，事实确实如此，因为它们会逐渐覆盖整个沙漠。沙丘的各种姿态都与平移对称有关，沙丘在形成图形时，最先打破的就是平移对称性。

同样的道理还适用于无数正在形成图形的其他系统，包括花、螺旋波、千足虫步足形成的波纹……此外，还有雪花。

物种起源

对称性破缺还能揭示一个古老的进化之谜。即使是最不经意的观察者可能也会注意到，尽管动物和植物种类繁多，但它们经常成群出现，这里我指的是植物的类别，而不是地理位置。彼此非常相似的生物构成的群被称为物种。

在人类的生命周期内，物种似乎是固定不变的。1837 年 7 月，博物学家查尔斯·达尔文在乘坐贝格尔号完成环球考察之后，开始编撰他的第一本关于物种演变的笔记。达尔文通过观察偏远地区的相关物种，提出物种在较长的时间里可能会发生变化的观点。他认为，加拉帕戈斯群岛上的 13 种地雀就是一个重要的例证。这些地雀似乎有一个共同的祖先——可能是一小群被暴风雨吹到群岛上的某种地雀。

达尔文在他的著作《物种起源》中解释了可遗传的微小差异是如何通过自然选择，日积月累最终形成这类变化的。现在，我们会使用"进化"这个词，自然选择则经常被代之以"适者生存"。但是，关键问题不在于是否适合，而在于生存下来之后的情况——有的生物会繁衍后代，有的则不会。这种差异有可能导致生物体在行为方式或身体构造上的某些变化具备选择优势，并使这些变化成为该生物后代普遍具有的特点。

现在，我们已经找到大量可以证实物种进化的确凿证据，包括化石记录和 DNA 序列。大约 500 万年前，黑猩猩和人类远祖都归属于同一物种，但现在两者属于不同的两个物种。物种是如何分化的？达尔文认为这是一个逐渐偏离的过程。真是这样吗？如果变化过程中存在某种选择优势，那为什么所有物种不都朝着那个有利的方向进化呢？

为什么有的会另辟蹊径呢?

问题不止这些。从本质上讲，物种是由可能交配的生物组成的。生物学家厄恩斯特·迈尔很久以前就指出，交配可导致基因混杂，是物种分化的一个障碍。他认为，新物种在交配方面会受到某种阻碍。根据他的异域（不同起源地）理论，一个小群体会因为严重的地理壁垒（比如山脉、湖泊）等偶然因素与主要群体分隔开，以至于在几百万年的进化过程中，它们与主要群体没有任何接触。当这两个群体重新融为一体时，多年的独自进化已经使它们改变了很多，因此它们不再甚至不可能交配了。

现在，这一理论受到了不那么直观的同域（相同起源地）分化理论的挑战。生物学家认为，新物种保持隔离状态的方法有很多。比如，在性选择机制下，雌性动物会偏爱雄性动物的某些特征，并且更愿意选择与拥有这些特征的雄性动物交配。从数学上讲，这些方法都有一个共同点：物种的形成是一种对称破缺分岔。一个物种是一个高度对称的系统，物种中的所有生物都可以有效交换。猫就是猫，在很多方面，它到底是哪一只猫并不重要，老鼠同样如此。但是，两种截然不同的物种构成的系统就不那么对称了，如果把猫换成老鼠，就会出大问题。

把物种形成过程视为对称破缺分岔的数学模型，带来了一些令人惊讶但非常普遍的预测。首先，该模型预测物种形成事件具有很强的偶然性，这与达尔文提出的微小变化日积月累的观点迥然不同。而且，该模型预测两个新物种会"互相推挤"，致使它们各自偏离原来共有的身体结构。如果一种鸟喙尺寸为中等的鸟分成两个不同种类，一个种类的鸟喙就会变短，另一个种类的鸟喙会变长，而处于两者之

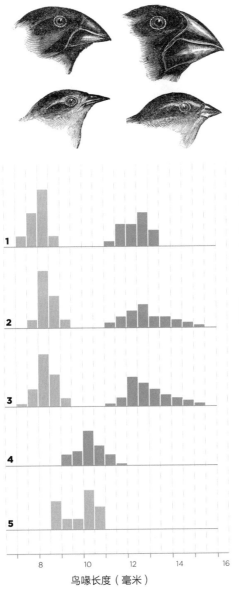

1. 阿宾登岛，比尔德罗岛，
   詹姆斯岛，杰维斯岛
2. 阿尔伯马尔岛，因迪法蒂
   格布尔岛
3. 查尔斯岛，查塔姆岛
4. 达芙妮岛
5. 克罗斯曼岛

■ 小嘴地雀
■ 中嘴地雀

达尔文通过观察加拉帕戈
斯群岛上的地雀（上图），
研究了新物种的形成过程。
如果这些地雀没有与其他
物种生活在一起（例如，
查尔斯岛和查塔姆岛上的
地雀），而是独自生活（例
如，克罗斯曼岛和达芙妮
岛上的地雀），鸟喙的大小
就会发生变化。从这些变
化来看，认为物种形成是
一种对称性破缺的理论是
正确的

鸟喙长度（毫米）

间、鸟喙不长不短的鸟则寥寥无几。

　　基因不停地混杂到一起，这种现象又是如何发生的？答案是⋯⋯自然选择。

　　这种分岔现象的发生条件是，自然选择不再青睐中间状态。这可能是因为正好可以长成中等鸟喙的"种子"数量不足，也有可能是因为这种鸟的数量猛增，以至于现有的资源供不应求。如果是后者，自然选择就会淘汰长喙鸟和短喙鸟杂交产生的后代。基因仍然混杂在一起，但是没等这些鸟繁殖出下一代，这些基因组合就被淘汰了。现在，我们可以观察到这种选择。事实上，达尔文的地雀就是一个很好的例子，它们对气候和植被的变化做出了奇妙的反应。

第 13 章
大自然中的分形

有时候，我们可以通过数学了解自然。在大多数情况下，数学这门学科都在从自然中汲取养分，它帮助我们了解自然，其实是在偿还自己欠下的巨额历史债务。20世纪70年代，当时在IBM（国际商用机器公司）工作的科学家伯努瓦·曼德勃罗意识到他的所有研究工作都有一个共同点。

曼德勃罗一直在研究股票市场、河流的水量、电子线路的干扰等问题。这些问题之间看似毫无关联，但他突然意识到，它们都有一条共同的主线：无论放大或缩小，它们都有一个复杂精细的结构。如果把股票市场每个月的价格波动情况绘制成图，就会得到一条跌宕起伏的不规则曲线。如果你研究的是股票价格每周、每天、每小时，甚至是每分钟的波动情况，得到的也将是跌宕起伏的不规则曲线。河水的水量情况和嘈杂的电子线路中的电流变化也都具有同样的特点。曼德勃罗认为需要为这种结构确定一个名称，于是他想出了一个名字——分形。分形是指一种几何形状，无论你把它放大多少倍，它的结构仍然细致入微。

自然界中最常见的形态大多属于分形结构。例如，树的结构可以分为很多级，包括树干、主枝、大树枝、小树枝和细枝等。灌木、蕨类植物或花椰菜亦如此。一块岩石看起来好像一座山的缩影；仔细观察你会发现，一小片云的复杂和精细程度绝不亚于大片的云；月球表面到处是大小不一的陨石坑。

而欧几里得几何的传统形状则不具有这样的特点。三角形、圆或者球面都与精细性无关。如果把球体放大，它的表面就会越来越平，最后几乎变成一个没有任何特色的平面。但是，如果你把远处的山峰放大（比如朝它走过去，直到离得很近），就会注意到原来看不清的细节。

分形几何是数学家理想化的产物。自然界的分形极其精细，但到了原子级别就会变得模糊不清。而数学家的分形具有无限的精细性，无论怎么近距离观察，都不会模糊不清。理想比现实简单，因为你不必担心事物在某个尺度下变得模糊不清。海岸线是典型的分形。澳大利亚的海岸线有多长？在大比例尺的地图上，澳大利亚的形状看起来十分复杂，但可以想象，利用一种看起来像钢笔，但笔尖被一个小轮子取代的简单工具，就可以测量出地图上海岸线的总长度。但是，如果换成一幅比例尺更大的地图，就会发现海岸线上有很多海湾和海角。由于比例尺小，这些海湾和海角在第一张地图上无法显示出来。把多出来的这些弯弯曲曲的海岸线加进去，海岸线总长度的测量值就会大幅增加。地图越详细，海岸线似乎就越长，最后这些数字甚至大到超出我们的预期。数学家的分形海岸线就是无限长的，澳大利亚的海岸线与之非常相似。

海岸线是分形线。山是分形曲面，参差不齐的山峰是由参差不齐的小山峰构成的，参差不齐的小山峰又是由参差不齐的更小的山峰构成的……云也是分形曲面，近距离观察就会发现，每一团水蒸气又可分成更小的一团水蒸气。树是分形植物。河流是由水流构成的"大树"，干流是"树干"，支流是"树枝"，涓涓细流是"细枝"。水流在最后汇入江河之前，会侵蚀陆地形成一幅幅漂亮的树状图案。如果你是地质学家，那么在你眼中，整个地球都是分形结构。

　　由于大自然不断重复使用相同的图形，这引起了聪明的科学家，

海岸线看起来不规则，越是近距离观察越不规则。如果不断放大倍数，新的细节就会不断显现出来，之前因为过于微小而无法看到的不规则现象也开始出现在我们眼前。海岸线是一个天然形成的分形结构

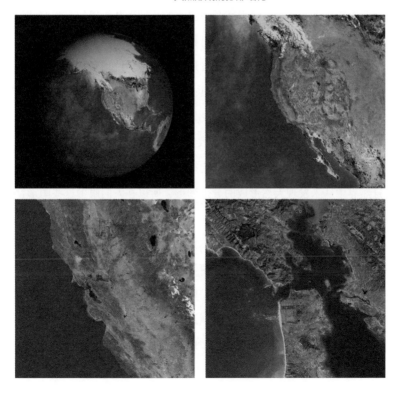

尤其是数学家的注意。数学家通过寻找自然界中隐藏的图形，已经取得了巨大的研究进展。就连欧几里得的三角形最初都来自丈量土地，这是几何学（geometry）一词的本意。因此，分形也应当引起我们的关注。

分形数学

从数学上看，自相似性这个概念是大自然形成分形结构的关键所在。回想一下，如果某个形状是由更小的相同形状组成的，我们就说这是一个自相似形状。正方形是自相似形状，64个小正方形可以构成一个大的正方形棋盘。但是，正方形又是一种传统形状，源自欧几里得几何，虽具有自相似性，但不具有精细性。更复杂的形状可以具有自相似性吗？如果可以，那么它在所有尺度上都具有精细性。

第一次世界大战前后，波兰数学家沃克劳·谢尔宾斯基建立了几种分形，但这些形状在当时被称为病态曲线或数学怪物。因为人们在自然界中从未发现天然形成的分形图形，所以在人们眼中这些图形都非常奇怪。

在这些分形中，有一个是谢尔宾斯基用正方形建造的。他把正方形分成9个相等的正方形，去掉中间的那个正方形，保留周围的8个正方形。这8个正方形的边长是原来大正方形的1/3。接下来，对这8个小正方形进行同样的操作，最后得到的就是谢尔宾斯基地毯。它由8个小块组成，每个小块与整个地毯形状相同，前者的边长是后者的1/3。

　　把正方形换成三角形，就会得到谢尔宾斯基镂垫。这个分形由三部分组成，每个部分均与该分形具有相同的形状，边长是后者的1/2。

　　19世纪晚期，德国数学家赫尔格·冯·科赫发明了另外一种基于三角形的分形结构。他没有在三角形上剪出一个洞，而是在三角形的三条边上接上新的三角形。取一个等边三角形，在其三条边的中间位置，分别接上一个边长为大三角形1/3的小三角形，就会得到一个六角星。接下来，重复上述操作，在12条边上分别接上一个边长为

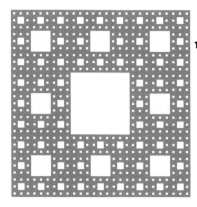

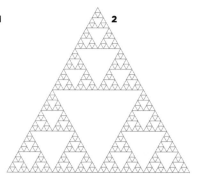

这些都是数学家最喜欢的分形。他们通过无限次重复同一个几何操作构建出它们，每次使用的形状都逐渐变小。在构建谢尔宾斯基地毯（1）时，先取一个正方形，然后在它的中心位置挖去一个边长为该正方形的1/3的小正方形。接着，对剩下的8个正方形做同样的处理，以此类推。对三角形进行同样的操作，就会得到谢尔宾斯基镂垫（2）。图3展示了构建雪花曲线的6个连续阶段，顺序为由上至下沿顺时针方向。在每个阶段，图形的每条边上都会接上一个小三角形。由此形成的图形面积是有限的，周长是无限的

大三角形1/9的小三角形，再在48条边上分别接上一个边长为大三角形1/27的小三角形，以此类推，最后就会得到数学家的六角岛"海岸线"。这个图形的面积是有限的（不会超出页面大小），但长度是无限的（在构建图形的每个阶段，长度都会变为原来的4/3）。它具有六方对称性，被称为雪花曲线。这个形状过于规整，与真正的雪花不太像，但它表现了雪花的树形结构。

　　流蛇分形与科赫三角形密切相关，但"内外颠倒"。数学家喜欢玩像首音互换[①]这样的文字游戏。最后，我要提一下门格尔海绵。它的形成过程与谢尔宾斯基镂垫相同，但一开始时用的是一个立方体。门格尔海绵由20个小门格尔海绵构成，每个小海绵的边长是大海绵的1/3。

　　分形的种类有无穷多个。有的分形看起来"更粗糙"，似乎可以填充更多的空间。每个分形都与一个数字密切相关，即它的分形维数。分形越粗糙，分形维数就越大。

　　我们所说的维度通常是指某个空间方向。线条是一维的，正方形是二维的，立方体则是三维的。分形维数不一定是整数，例如，科赫雪花曲线的分形维数约等于$1\frac{1}{4}$。雪花会朝着$1\frac{1}{4}$个不同的方向延伸吗？

　　答案是：不可能。这是数学界的一个坏习惯——将一个旧名称应用于一个新环境。通常意义上的维数概念可以用于线条、正方形、立方体等常见的空间概念（它们对应的维数分别是1、2和3），分形维数

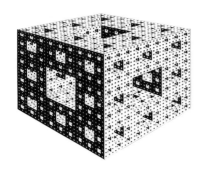

门格尔海绵也是一个数学分形，它的构建方式与谢尔宾斯基地毯相同，只不过把正方形都换成了立方体。所有这些分形都具有自相似性，是由与整体形状相同的部分构成的

概念可以产生同样的数字，但它适用的形状更多。分形维数表示的是构建分形时使用的形状个数与形状大小之间的关系。

我们来看看雪花曲线，更准确地说，是看其中的 1/3，也就是原来三角形的一条边。4 条这样的曲线可以组成一条形状相同，大小为原来三倍的曲线。如果这条曲线像一条直线（一维），我们只需要三条就可以将其大小变为原来的三倍。如果这条曲线像一个正方形（二维），那么我们需要 9 个这样的正方形。由此说明，雪花的维数应该在 1 和 2 之间（很可能更接近于 1）。这个数肯定不是整数，$1\frac{1}{4}$ 恰好符合条件。根据雪花曲线分形的技术定义，它的分形维数是 1.261 8。

简单的规则

生物学家彼得·梅达瓦说："理论可以消灭事实。"他并不是在反对事实，也不是说理论解释会导致事实消失，而是说好的理论可以起到化繁为简的效果，从而将大量明显无关的事实从清单上划去。

我们以太阳系为例。在牛顿发现万有引力定律之前，人们需要通过大量的示意图，呈现出各大行星在很长一段时间里的位置，才能准确描述他们已经掌握的太阳系相关知识。在牛顿之后，我们只需要知道行星在某些特定时刻的位置（和速度），以及它们随后（和之前）运动遵循的定律，就可以找出它们在其他所有时间的位置。

梅达瓦的话有一个更现代的版本："规则可以压缩数据。"如果你确定好初始状态和动态过程（在计算机上，动态过程是由一系列数字组成的），就可以生成任意多个数字。现在，购买电脑通常会获得很多免费的捆绑软件，往往是一些试用软件和游戏，以及一张刻录了完整版百科全书内容的光盘。将这么多的信息塞入这么小的空间，可能会让你惊叹技术的先进程度。实际上，这不只是一个技术问题，它还与新的数学知识有关。人们先借助这些数学知识将信息量减少到便于管理的程度，然后通过技术把它塞入光盘。文本很容易储存，麻烦的是图像的存储问题。例如，一张普通的百科全书光盘通常包含8 000幅彩色图片，一幅图片包含的信息需要占用大量的存储空间，相当于100页文本。屏幕图像是由数百万个微小的像素点组成的，一个像素就是一个彩色的点。如果用这种基于像素的方式显示图片，现在的技术就不可能把8 000幅图片存储到一张光盘中。但是，百科全书光盘的确包含这么多图片，而且每一幅都纤毫毕现。

如何压缩图片呢？分形给了我们一个重要提示：简单的规则可以产生复杂的形状。在英国出生但居住在美国的数学家迈克尔·巴恩斯利意识到，也许可以借助分形的这个特性，开发出一种图像压缩方法。启发他产生这个念头的是蕨类植物。蕨类植物的茎上对生有大量叶片，每个叶片就像一株微缩版的蕨类植物，且长有小叶片，小叶片上还有更小的叶片。因此，蕨类植物的整个结构可以呈现为一幅拼贴画，它可以被分解成4个"经过转换处理"（变形）的副本，包括：靠近茎的根部位置的两个最大的叶片，位于这两个叶片上部的其余部分，以及靠近根部的一小截茎（这里需要采取一个无伤大雅的作弊行为，把这一小截茎视为一株被压扁的蕨类植物）。

某本古老的中国食谱在开篇告诉我们，"把20只鸡放进锅里炖煮，然后把鸡捞出来扔掉"。与之相似，这里的关键在于把这株蕨类植物"扔掉"。巴恩斯利找到了一种方法，可以通过数学转换（叫作迭代函数法）确定拼贴方法，从而完美呈现蕨类植物的所有细节。

只需要使用6个数字，就可以规定一个转换操作，所以一共需要24个数字，就可以生成一个非常精细的蕨类植物图形。这样一来，计算机磁盘存储这24个数字即可，而无须存储数百万个像素点。

蕨类植物便于处理，但是一般的图片该怎么办呢？它们可以通过相似的方式分解成若干变体吗？答案是肯定的，但你不需要复制整幅

蕨类植物是大自然呈现给我们的一个美丽的自相似结构，每个叶片的形状都与整株蕨类植物十分相似。自然界中的这种相似性在缩到足够小后就会消失，而在数学模型中这种相似性一直存在

图片，只要在图片中找出形状与其他大块相似的小块即可。如果这种小块的数量足够多，你就可以用数学变形拼贴的方法呈现这幅图片，这种方法需要存储的数字远少于像素点的数量。如果利用巴恩斯利的方法，图片占用的空间可以在通常水平上至少减少99%。

生物的分形

　　所有分形都有一种与生俱来的美感，还可以为人们解决问题提供灵感，甚至包括一些实际问题。例如，谢尔宾斯基镂垫就可以巧妙地应用于手机天线的设计。你肯定不会认为自然界中的分形几何图形是一种毫无意义的巧合，除非你对科学的进步漠不关心。

　　我们经常在自然界中与谢尔宾斯基镂垫不期而遇，我最喜欢的例子是贝类。有好几种贝类的图案与谢尔宾斯基镂垫高度相似，包括风景榧螺（见于南美洲东部沿海水域）、乳头涡螺（见于澳大利亚南部海域）、达摩涡螺（见于澳大利亚西部海域）、织锦芋螺（见于印度洋–太平洋海域）和引人注目的波纹仙女蛤（见于太平洋西南海域）。也许有人认为这种相似性是一种巧合（甚至没有任何意义），但实际上它并非一种简单的巧合。正如前文中所说，汉斯·迈因哈特收集到一些令人印象深刻的证据，证明贝类的图形源于生长发育时贝类唇部及其周围发生的化学过程。这些过程属于图灵反应扩散系统的一般范畴，还带有一点儿生物现实主义的内容。贝类的图形则反映了激素和其他遗传产物相互影响，促使强化和抑制作用显现出来的复杂时空图形。这样的数学过程是可以理解的，我们现在知道它们可以产生明显

尽管芋螺的分形斑纹（上图）可能非常复杂，但它们都是由色素沉积的简单规则所致。贝类的图形与谢尔宾斯基镂垫（左图）一样，也是由简单规则产生的复杂图形

的规则图形（例如条纹）或者更微妙的图形（例如分形）。

　　所以，在我看来，贝类的分形告诉我们一条重要信息：生物的生长图形是动态规则的结果。对贝类而言，它们将这些规则应用于一系列化学反应。在有需要的情况下，我们可以对任何基因进行排序，但是基因排序无助于我们了解它们相互作用的动态。

　　通过元胞自动机这个与迈因哈特理论相似的简单事物，我们可以清楚地了解动态规则的原理。在建模时，我们将贝类正在生长发育的边缘部位视为一排正方形，并让它们沿着一个由正方形构成的网格结构向外移动，每次移动一格。之后，我们用黑和白这两种颜色为这些正方形着色，以模拟色素和激素。接下来，我们规定每排正方形与前一排正方形之间的相关性，以模拟反应和扩散的动态。

　　举个例子，假设规则是"每个正方形与上一个正方形的颜色相

谢尔宾斯基镂垫的规则推广至元胞自动机后,可以创建复杂的图形,还可以模拟生态系统

反",即两种化学物质都会抑制自身的产生,同时增强另一种化学物质的效果。在这个规则下,所有位置都会发生反应,但不会发生扩散。每个正方形的状态取决于上一次位于相同位置的正方形的状态,例如,如果上一排正方形都是黑色,下一排正方形就全是白色,再下一排又全是黑色,最后形成黑白相间的条纹。在这个例子里,重复的规则形成了一个重复的图形。

再以一个复杂程度稍高且带有某种内置扩散机制的规则为例。在新的一排正方形中,如果某个正方形上方左右两侧的正方形颜色相同,这个新正方形就是白色,否则就是黑色。为了取得最明显的效果,我们规定第一排中所有黑色正方形的两侧都是白色正方形(然而,黑、白正方形随意排列也能取得同样的效果)。

最终的结果是什么?答案是:谢尔宾斯基镂垫。

重复的规则也可以产生非重复的图形，又一种宝贵的直觉由此轰然倒地！

曼德勃罗集合 ————————————————————

曼德勃罗的名字将永远与他发明和推广的分形——曼德勃罗集合联系在一起。与他的大多数分形不同，曼德勃罗集合是一种纯粹的数学应用，它没有任何其他目的，只是为了获取知识带来的乐趣。

我看不出纯粹数学研究有什么不好。数学源于其内部动态（被贴上"纯粹"这个标签，意味着数学有善恶之分，而不是有用的方法论）与对外关系（虽然被贴上了"应用"的标签，但不知道除了骄傲的发明者以外，是否有其他人对它的应用感兴趣）之间的相互作用。这种相互作用至关重要，任何一种成分的缺失都会导致数学的整个思想体系遭到破坏。

在日常生活中，我们使用的是所谓的实数，它们要么是正数，要么是负数。正数有平方根，而负数没有。从1545年开始，数学家开始意识到，如果发明一种新数字，使负数也有平方根，就可以解决研究中遇到的许多问题，也会让数学计算更加丰富多彩。这些数字被称为复数，用含有符号i（符号i是-1的平方根）的数字表示。如果你不视其为洪水猛兽，就可以随心所欲地对复数进行算术运算和代数处理。符号i的哲学地位已经确立，这主要是因为"数字"的现代概念证明普通数字（例如1、2）的哲学意义远比它们在日常交易（比如超市收银台）中的作用要微妙得多。

动态是指重复应用某些规则所产生的结果。曼德勃罗决定采用他能想到的简单又有趣的规则："先平方，再和一个常数相加。"众所周知，这条规则即使应用于实数，也可以产生有趣的动态。但曼德勃罗添加了一个至关重要的独创性条件："将这条规则应用于复数。"

实数可以被视为直线上的一点：正数靠右，负数靠左。同样，复数可以被视为平面上的一点：普通数字沿水平方向从左到右排列，而 i 的系数从下往上排列。这样一来，复数的动态规则就可以描述点在平面上的运动情况了。按照惯例，这个动态过程从数字0开始。

重复应用这条规则的效果取决于"先平方，再和一个常数相加"规则中的常数的值。这个常数可以是任意复数，但某些常数会让整个过程变得单调乏味。如果你持续应用这条规则，平面上的那个点就会越来越远，点与点的间距也越来越大。但是换成另外一些常数的话，这个点就无法"逃离"了，它会制造出异常美丽而复杂的形状。

"向着无穷逃离"和"无法逃离"有着天壤之别。这两种结果是由哪些常数导致的呢？有人提出了一种最合理的猜测，即认为可以通过某个简单的方法和常数的某个明显的特性加以判断。为了找出答案，曼德勃罗开始了计算机实验。他将平面分割成很小的单元，并选取某个单元中心位置的一个复常数，然后将动态规则应用于这个常数。如果得到的结果是逃离，就把这个单元涂成白色；如果是无法逃离，则把该单元涂成黑色。对所有单元逐一完成上述操作，最后会得到什么形状呢？会不会是一个简单的形状，例如黑色的圆圈？

错！最后得到的是一个异常复杂的形状。它会扭曲、旋转、盘旋、分叉，并挤压出大量的小块，而且，这些小块的形状与整体图形的形状一样复杂。这就是曼德勃罗集合，一个雅致迷人的分形。

曼德勃罗集合的结构可以创造
出美丽的图案

相当于高中代数水平的简单规则竟然可以产生如此复杂的结果，真
是太令人吃惊了！如果根据点向着无穷逃离的速度给白色区域着色
（可以选择任意色值），那么曼德勃罗集合的结构还会变得更清晰、更
漂亮。

　　在曼德勃罗集合中，有螺旋形结构，有海马状结构，还有树形结
构。在共同的主题下，有着无穷无尽的微妙变化，而且每一个变化都
与众不同。即使是微缩版，也非常精细，纤毫毕现。由此可见，精细
程度是没有极限的。

以无序创造有序

　　分形是由简单规则生成的复杂形状，它们将复杂的无序与有序的结构结合在一起，从而实现了凤凰涅槃的效果。雪花是复杂的形状，我们希望它们也是由简单的规则（物理定律）产生的。它们明显是有序和无序的结合体，其中有序的部分是六次对称性，而无序的部分是复杂的树形结构。雪花是分形吗？如果是，我们可以从中找到什么线索吗？

　　分形是一种数学抽象事物，而雪花是真实存在的事物。抽象事物与真实事物显然不同，因此雪花不是分形。这就是问题的正确答案吗？并不是，尽管我总是惊讶地听到一些聪明人给出肯定的回答。分形几何存在争议性（我认为根源在于它的新颖性），人们经常用一个理由来驳斥它，那就是数学与现实之间的差异。按照这个逻辑，行星不是球体，不是质点，牛顿万有引力定律与行星也没有任何关系；晶体不是一个完全正则的晶格，晶体学对称性不会告诉我们任何有关晶体的知识；鹦鹉螺不是螺旋，DNA不是双螺旋，镜子也不能反射……

　　开动脑筋想一想吧。数学概念本身并不是真实存在的事物，但它肯定是真实世界的理想化结果。这一点非常重要，是我们利用数学来理解自然的依据，也是数学可以发挥作用的原因。我们用精心挑选的理想化结果来描绘混乱的现实世界。由于这些理想化结果非常简单，便于理解，所以我们有可能取得某些进展。现在，我们需要考虑的问题是：理想化的分形可以提供有益的帮助，让我们深刻认识到雪花的奥秘吗？答案是肯定的。

　　在过去的20年里，我们了解到许多生长过程常会产生分形结构。

这些知识经常给我们启发，帮助我们深入了解现实世界中的类似过程、结构和图形。煤烟就是一个很好的例子。煤烟是煤炭和木柴燃烧时，烟雾中的碳粒子和其他分子在烟囱中形成的蓬松柔软的沉积物。在显微镜下，我们可以了解煤烟为什么非常蓬松。煤烟的粒子聚集在一起，形成了一种复杂精细的松散结构，看上去就像一个不规则的分形。我们把煤烟的数学模型称为扩散限制凝聚。

计算机可以生成许多微小的圆盘状结构，用以代表碳粒子。它们随机游走，碰撞后就会相互粘连。随着碰撞不断发生，聚集到一起的圆盘越来越多，最终形成一个个明显的分形结构。此外，它们还具有与煤烟相同的分形维数。因此，我们可以通过定量证据，证明数学理想化是有一定道理的。

数学在科学中扮演的一个重要角色，就是总结复杂世界的简单特征。通过分析这些特征，我们可以发现和理解自然法则的潜在简洁性

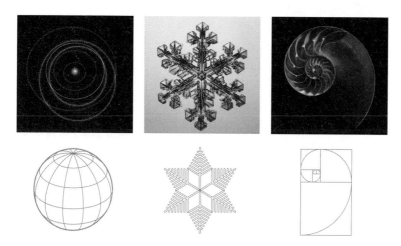

利用类似原理，我们可以将蒸汽注入油田，对付那些难以开采的石油矿床，还可以在平整的表面上镀上一层薄薄的黄金（这项技术在电子工业中占据重要地位）。在雪花中常见的树形结构是一种与之相似，但更有规律的生长过程。冰晶体生长时，其表面会不断积聚新的水分子。（在暴风云中，这些分子凝结后会形成过冷水蒸气。）利用数学模型，可以分析晶体表面的生长状况和形状发生的变化。树形图形主要是由一种叫作尖端分裂的现象形成的。一定的湿度和温度相结合，就会为形成平整表面的动态不稳定性创造合适的条件。如果平整表面上形成鼓包，鼓包的生长速度就会比其他区域快，使鼓包越来越大……但是，圆形鼓包变大后，其表面会近似平坦（就像墙纸起泡一样）。所以，在鼓包变得足够大之后，它也会变得不稳定，迅速形成很多更小的新鼓包。这跟植物的嫩枝一样，在生长过程中，嫩枝的尖端不断分裂，形成两个或更多个小嫩枝，因此得名"尖端分裂"。从数学上讲，整个过程可以被视为一连串的对称性破缺事件，平整表面的平移对称性被打破。这样一来，冰晶在生长过程中就会形成枝蔓晶体这种树形图形。

想要更彻底地了解雪花，我们需要总结它的简单特征。因此，为了便于数学建模，我们可以假设它具有完美的六次对称性，而且呈现出分形图形

也就是说，我童年时在窗玻璃上看到的冰霜形似一片森林，这是有原因的。至少从某种意义上说，把雪花视为分形，对我们是有帮助的。

分形宇宙

我们的野心越来越大，索性去追逐一个更大的目标吧：宇宙是什么形状？物质在宇宙中是如何分布的？

在牛顿时代，人们认为宇宙是无边无际的。也就是说，它没有特定的形状，只是一个标准的数学三维空间，任何时候都是一样。

在爱因斯坦之后，物理学家开始相信宇宙是有边际的。他们认为，宇宙是一个巨大的球体。他们还认为，如果尺度足够大，宇宙中的物质分布就是均匀的。可以肯定的是，在较小的区域中，你可能会发现真空或者恒星（前者中几乎没有任何物质，后者中有非常多的物质），也就是说，宇宙的所有位置并不都是一模一样的。但是，在非常大的区域中，比如几千光年的范围内，物质的总量必定大同小异。因此，宇宙是一个球体，而且它的质地基本上是均匀的。然而，现在看来，这种均匀性显然是不可靠的。（现在，人们也开始质疑宇宙的球形结构，我将在第15章具体讨论这个问题。）

在早期的星空观测中，人们发现天空中各个方向的恒星数量大致相同，但银河系的恒星密度要大得多。随着望远镜的倍数越来越大，我们逐渐意识到宇宙中的物质是成团分布的。银河系是一个星系，我们的太阳就在这个巨大的恒星团中。太空深处还有数十亿个星系，星系之间十分空旷，恒星的数量非常少。

物质的聚类趋势不仅如此。星系聚集成星系团，星系团又会聚集到一起形成超星系团。1990年前后，美国天文学家玛格丽特·盖勒和约翰·胡克拉提出，宇宙中的物质可能不是均匀分布的，而是分形分布，在所有尺度上都有块状结构。他们甚至估算出了宇宙的分形维数。从那时起，两种观点就争论不休。均匀宇宙说的支持者通常认为，当比例尺非常大时，这些块状结构就会趋于均匀。分形宇宙说的支持者发明了新的观测技术，绘制出比例更大的物质分布图，结果发现了块状结构（真是出人意料）。

一些物理学家因为这个发现而焦虑不安。根据热力学第二定律，从长远看，物质应该趋于均匀，最终变成"一锅温热的汤"，即所谓的"宇宙热寂"。而宇宙的块状结构与第二定律格格不入，物质为什么不像第二定律所说的那样是均匀分布的呢？

罗杰·彭罗斯曾指出，宇宙的初始状态肯定非常特殊，才会产生这种奇怪的现象。然而，造成这种现象的真正原因可能是对称性破缺。人们早就知道，均匀分布的引力物质是不稳定的。块状结构有增长的趋势，而不是摊开变薄。引力会导致均匀状态的对称性被打破，最终形成块状结构。因为引力效应不受规模的限制，所以我们可以预见所有尺度上都会有块状现象，最终形成一个分形宇宙。在一段时间里，人们认为这个进程非常缓慢，似乎不足以解释观测到的块状现象，但随着早期宇宙模型不断改进，宇宙学家通过计算机模拟出的结构与天文学家通过仪器观测到的分形结构越来越相似。

为什么在这里热力学第二定律失效了呢？第二定律最初是用来解释气体特性的，根据这条定律，由于气体分子会相互碰撞，所以它们应该会均匀分布。气体分子碰撞产生的作用力是一种短程排斥力，分

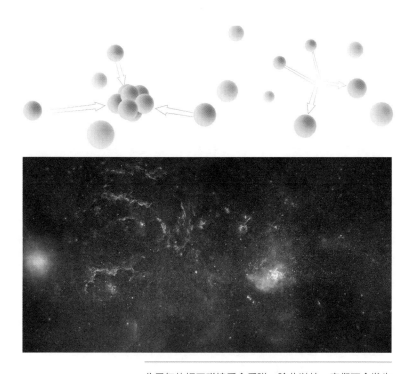

分子气体相互碰撞后会反弹，除此以外，它们不会发生
相互作用（右上图）。因此，气体通常是均匀分布的。
在引力作用下，物质表现出完全不同的特点，所有粒子
都会相互作用、相互吸引（左上图）。因此，引力物质
通常呈现块状结构，而不是均匀分布（下图）

子碰撞后就会反弹，如果不碰撞则不会发生相互作用。而引力子之间
的作用力正好与气体分子相反，是一种长程吸引力，所有引力子都会
相互吸引。热力学第二定律是依据假设的力的结构得出的结论：由于
在块状结构中粒子碰撞的可能性更高，所以短程排斥力会使块状结构
逐渐消失。但引力系统的变化与之不同，长程吸引力有利于形成块状
结构，破坏均匀性。所以，我们没有任何理由认为热力学第二定律适
用于引力系统，我们的宇宙并不遵循这条定律。

第 14 章
混沌中的秩序

　　人类总在不知疲倦地寻找图形。为了在一个充满敌意的世界存活下来，我们通过进化获得了灵敏识别图形的能力，并据此预测我们面临的形势。尽管世界看不出明显的图形，但我们仍然希望可以找出其中的奥秘。有时候，我们发现图形缺失是一种错觉，看似纷繁复杂的世界实际上遵循着某些简单的规则。与此同时，我们深信不疑的某些图形最后却被证明是一种错觉。

　　比如，我们的先祖看着天空中随机分布的星星，然后根据自己的视觉感官将它们划分成诸如公主、狮子、熊等不同星座（可以辨认的恒星团）。他们把在天上看到的图形编成故事，讲给孩子们听。但天空中并没有熊，也不存在真正意义上的星座。在大熊座中，有的恒星距离我们几光年，而有的则在数百光年之外。如果站在一个远离地球的地方观看这些星星，就会发现它们构成的图形和相互之间的组合似乎迥然不同。大熊座并不是一个真正存在的图形，对我们研究恒星没有任何帮助。它也不具有任何深刻的含义，不会告诉我们宇宙的运行方式。但是，人类喜欢编造图形。我们由天上群星联想到动物和人的形象，然后围绕这些形象编织各种传说，从而为这个无序的随机世界强行披上一件秩序的外衣。

　　然而，有的图形确实存在，并且确实会告诉我们关于宇宙的一些重要事实。这样的图形就是自然法则。科学研究的正是自然法则，致力于挖掘驱使宇宙运转的隐藏图形。数学是人类用来研究图形的最有效工具，也就是说，我们深信自然法则就是数学定律。1939年，伟大的英国物理学家保罗·狄拉克说："上帝是一位数学家。"

　　人们认识科学的作用和方法论的过程非常缓慢，历经很多年，甚至早在"科学"这个概念被普遍接受之前就已经开始了。通过艾萨克·牛顿的研究，它完成了一次文化相变，最终发展成形。牛顿在许多前人的思想基础上（正如他以一反常态的谦虚口吻说自己是"站在巨人的肩膀上"），推导出物质运动和引力作用的数学规则。根据牛顿定律，人们了解了行星的所有复杂的旋转运动，而且精确度很高，例如，月球在月轴上的摆动情况，木星和土星在运转过程中的交替领先

天空中的伪秩序。大熊座不仅不是熊，也不是真正意义上的星团

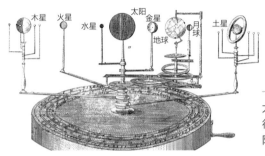

太阳系仪是依据真正的
行星运动秩序建造的太
阳系力学模型

现象等。

　　牛顿数学具有显著的特点，其哲学意义需要经过一段时间才能显现出来。它可以根据天体当前的状态，预测它们未来的运行情况。如果你知道太阳系所有行星当前的位置和运动速度，你只需转动数学模型的把手，就能计算出它们一年以后的位置和运动速度。再次转动把手，你还可以知道它们两年后的情况。转动100万次，就能预测未来100万年的情况。

　　18世纪晚期，法国数学家皮埃尔-西蒙·拉普拉斯明确表示："如果一种智能生物随时可以了解驱动自然运转的所有作用力，以及天地万物的相对位置，如果他们足够聪明，能够提交所有分析数据，并将宇宙中庞大天体和渺小原子的运动总结成一个公式，那么对这种智能生物而言，就不存在任何不确定性。在他们的眼中，未来和过去没有多大区别。"

　　这就是决定论哲学：宇宙是一台发条机器，它的整个未来在它启动的瞬间就已经注定了。当然，拉普拉斯并不是说只有人类才可以完成这些算术题并预测整个宇宙的未来。而且，就算人类有这个能力，这个机械宇宙会允许人们这样做吗？在人类预先决定好的未来中，这种行为存在吗？决定论与我们的自由意志是否相互矛盾？

在当时的人眼中（现代人也这样认为），这套思想深奥难懂。但是，在它的影响下，科学取得了显著的发展和巨大的成功。实际上，它使整个世界大为改观。因为它，人类对自己在宇宙中的位置有了新的认识。在适当的条件下，它甚至能帮助我们预测未来。

混沌

如果你试图把拉普拉斯的那番理直气壮的话作为自己的研究计划的基础，那么你很有可能认为预测显然是最困难的步骤，进而把注意力集中到这一步上。然而，就像拉普拉斯说的那样，"……如果他们……能够提交所有分析数据……"事实证明，有一个困难虽不是那么明显，但却严重得多，因为它不仅影响到拉普拉斯热衷的项目，还会影响一般规模的科学项目。所以最大的问题不在于如何通过计算揭示系统的当前状态在未来会产生什么结果，而在于如何了解当前状态。

1887年发生的一件事让人们第一次意识到这才是真正的问题。这一年，瑞典国王奥斯卡二世发布悬赏公告，邀请人们回答一个问题，并提供相关数学证明。这个问题是：太阳系是否稳定？行星是否会相互碰撞，或者彻底摆脱其他行星而逃逸？奥斯卡二世希望得到肯定的答案，如果有人可以证明自己的答案是正确的，他愿意提供2 500克朗的奖金。法国数学家、天文学家、哲学家亨利·庞加莱接受了这项挑战。即使对庞加莱来说，这个问题的难度也非常大，但他最终还是赢得了这笔奖金。庞加莱提交了一份手稿，证明只有三个天体的迷你太阳系一定会沿着有规律的轨迹运行。

但是，如果你去图书馆查阅公开出版的庞加莱回忆录，就会发现他根本没有提及这件事。相反，你会发现里面有一句话更有趣：运动轨迹可能非常不规则，非常复杂，因此无法预测。直到最近，这段历史才得以澄清。在最初提交的手稿里，庞加莱的确声称他可以证明这些天体一定会沿着有规律的轨迹运行。但在获奖之后，庞加莱发现他的证明中存在一个错误，而当时他的回忆录正在印刷。庞加莱赶紧撤回已经印好的回忆录，并在做了大量研究之后，自费出版了修订后的回忆录。他因此花的钱比获得的奖金还多。但从科学的角度来看，修订版是无法用金钱来衡量的，因为庞加莱在其中揭示了一个重要的新现象。这个现象非常简单：确定性方程可以有复杂而且看似随机的解。我们现在把这种现象称作"混沌"，完整的说法应该是"确定性混沌"，但简称更具有冲击力。

在庞加莱时代，人们并没有认识到混沌的重要性。对庞加莱而言，这个问题就像一个无法逾越的障碍，阻碍了天体力学的发展，因此他不再研究这个问题。20世纪30年代的乔治·伯克霍夫和20世纪60年代的史蒂文·斯梅尔相继接受了这项挑战，最终揭示了庞加莱混沌背后隐藏的图形。到20世纪80年代，混沌动力学的触角已经伸到了包括天文学和动物学在内的所有科学领域。人们提出了大量的数学理论，用于解释混沌的形成原理，以及确定性系统中有可能产生混沌的原因。

我们想象一下用搅蛋器在碗中搅拌鸡蛋的情景。搅蛋器的叶片按照有规律、可预测的图形不停地转动，整个过程没有任何奇怪之

处。但鸡蛋的运动则复杂得多，我
们是怎么知道的呢？因为蛋清被搅
均匀了，这正是搅蛋器的用途。那
么，特定的鸡蛋粒子会沿着什么路
径运动呢？这个问题不可能有正确
答案。无论我们如何预测，无论两
个粒子之间的距离如何接近，它们
都肯定会沿着完全不同的路径运动，
在碗中的最终位置也大不相同。用
食用色素把一半蛋液涂成红色，把
另一半涂成白色，搅拌后就会得到
均匀的粉红色蛋液。红色的一半去
哪儿了呢？到处都是。白色的一半
在哪儿呢？到处都是。现在，我们
应该知道拉普拉斯的推论出了什么
问题了。要想预测蛋液的运动情况，
我们需要准确地知道它的初始位置
（精确到小数点后数千位）。测量起
始位置时哪怕有非常小的误差，都
会导致预测结果产生非常大的偏差。
但测量误差是不可避免的。

前文说过，最大的问题在于如
何了解初始状态。

庞加莱的发现可以归结为一句

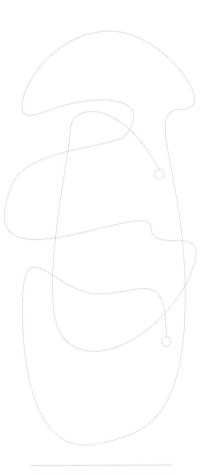

有序运动如何产生看似无序的
结果呢？在用搅蛋器搅拌鸡蛋
时，搅蛋器的运动是有规律的，
但蛋清的运动非常复杂，似乎
是随机的。蛋液的运动实际上
是遵循某些规则的，但看起来
却不是这样的

话：三天体太阳系的动态变化就像搅蛋器一样，可让整个局面乱成一团，初始位置非常接近的两个粒子最终会分道扬镳。运动是确定性的，但是，除非你能精确测量出初始位置，否则这个事实就没有意义。可问题是，你做不到。所以，决定论不等于可预测性。如果拉普拉斯口中的"聪明的智能生物"仅会提交分析数据，那肯定是远远不够的。

他们还必须能获取数据。

随机性和确定性

"混沌"一词的问题在于它很容易被误解，在不使用"确定性"时更是这样。因此，人们经常以为"混沌"就是一个代指"随机性"的新词。

事实并非如此。

混沌是由完全确定的原因导致的疑似随机性，是在规则范围内的无序行为。混沌在规律性和随机性之间徘徊。正是因为混沌与许多深受我们信任的直觉观点背道而驰，所以我们很难对它形成正确的认识。例如，"疑似"这个词似乎比较容易理解。是的，它当然不难理解。毕竟混沌与随机十分相似，但它们又不完全一样。那么，规则怎么可能产生完全随机的结果呢？

不幸的是，这个词的意思比我们想象的更加微妙。在某些方面，混沌中确实存在真正的随机性。粗略地说，混沌系统的规则掌控并放大了初始条件的微观随机性，让它在大规模的行为中呈现出来。

由于讨论这个问题时会涉及一个哲学问题，所以难度会进一步加大，这个问题就是："存在真正的随机性吗？"例如，人们经常用色子的滚动来比喻随机性。但色子是立方体，滚动方式受到确定性规则的制约。那么，色子的随机性是从哪里来的呢？我们不知道抛掷时色子的初始状态（因为我们会把色子握在手心里或者放在容器里使劲儿摇晃），即使我们知道，测量这些状态时发生的微小误差也会在色子弹跳的过程中被放大。也许在色子被抛掷出去的那一刻，最终的点数就已经确定了，但在将色子抛掷出去到看到最终结果的过程中，我们、色子和宇宙都不知道到底是几。

我们可以利用色子得到随机数，但色子从本质上讲就是一个弹跳的立方体（上图），与其他物理对象一样，也遵循力学定律。那么，随机性是从哪里来的呢？其中一个答案是，色子具有混沌性。混沌看似随机，但也有隐藏的规则。吸引子是可以表现动态变化关键特征的复杂几何形状，与混沌系统密切相关。右图中的洛伦茨吸引子来自一个模拟天气情况的混沌模型

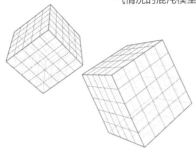

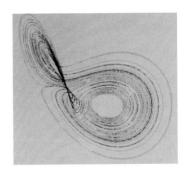

5 1 3 6 5 2 3 1 5 6 6 3 2
6 2 1 6 2 2 4 6 1 1 4 2 6

　　这里可能存在一种例外情况。在物理学家看来，量子力学是基于真正的随机性建立的，所以在最小的尺度下，宇宙的运行具有偶然性。这可能是一个事实，尽管个别人认为量子世界的盖然性本身就是虚无缥缈的，而且它遵循一些隐藏的确定性规则。在我看来，"随机"和"有序"这两个概念仅对数学模型有意义，我不确定我们是否可以把它们看作真实世界的绝对特征。

　　如果我们遵循当前的数学实践，利用几何形状呈现动态变化，混沌的有序–无序双重性质就会成为一个备受关注的焦点。动态系统的几何空间（相空间）与系统自身的关系十分紧密，空间坐标就是系统的变量。系统的初始状态是一组特定的坐标值，即相空间中的某个点。随着时间的推移，坐标会发生变化，其变化过程遵循动态规则：初始点沿着某条曲线（流线）在相空间中运动。每一个初始点都会生成一条独特的流线，所有这些流线的总和可以呈现出整个动态系统的流动。

　　在非混沌系统中，这些流线都会回归到简单的形状：表示稳定状态的单一的点，或者表示周期解的闭合曲线。在混沌系统中，它们会回归到更加复杂的形状，即吸引子。之所以被称为吸引子，并不是说它们可以产生某种引力，而是说无论流线从哪里开始，都会很快向某个吸引子靠拢。因此，系统的长期行为是由吸引子（可能有一个，也可能有若干个）决定的。

　　混沌吸引子不断将流线分开，然后让它们重新进入相空间的同一个有限区域。流线无法逃离，而且由于吸引子的拉扯作用，它也不可能完成任何简单明了的运动。因此，流线看上去不停地摆动，无序甚至非常混乱。它们的运动情况不可预测，原因在前文解释过，即初始状态时发生的微小错误在未来都可能会演变成巨大的偏差。

混沌吸引子具有复杂的几何形状，是一种分形。即使在非常小的尺度上，它们的结构也非常精细。要知道其中的原因，最简单的方法就是让时间倒流。在较大的尺度上，吸引子有自己的结构。如果时间倒流，混沌中的拉扯就会变成收缩，大尺度的结构缩小为小尺度的结构。时间倒流得越多，结构就越小。因此，吸引子的几何形状将混沌和分形这两个概念统一起来了。

湍流

有时候，你会发现混乱的动态也会呈现出某种图形，尽管这些图形复杂多变。木星的大红斑就是一个典型的例子。我们都知道，木星云层最明显的特征就是一个巨大的旋涡。这个旋涡的长度大约是地球直径的两倍，宽跟地球直径差不多。由于稳定性极高，该旋涡可能已经在木星大气层中旋转长达数十万年时间了。大红斑内部的流线简单、有规律，形成了螺旋旋转。

当旅行者号宇宙飞船飞近木星时，科学家发现大红斑一边旋转，一边喷出一股旋涡状尾流。尾流的结构比较固定，但具有很大的不可预测性。由于尾流有清晰的波形和典型的图形，所以人们认为它不可能是随机的。但这些图形每隔几小时就会发生变化，没有人能准确预测接下来它们会变成什么样。

这股汹涌的尾流是由大红斑与其周围的大气相互作用产生的，大红斑在不停地"搅动"周围的大气。然而，人们用来模拟大红斑内部的安静、规则的大气流动情况的数学方程式，同样可以用来模拟尾流中的汹涌澎湃、不可预测的大气流动情况。这些都是确定性方程式，没有内在的随机性，但它们有两种截然不同的解。就像搅蛋器和蛋液的运动方式不同，大红斑内部的大气流动非常有规律，而尾流中的大气流动则非常混乱。

　　湍流是物理学领域尚未解决的重大问题之一。流体力学是一个令人着迷的领域，长期以来，数学家和物理学家都在研究它。我们在这个领域取得的成就让航天飞机飞上了天（尽管航天飞机需要的是砖块结构的空气动力学），还能让人们乘坐喷气式飞机环游世界。然而，像科学研究的惯常情况一样，我们不知道的东西更多，湍流就是其中之一。

　　从实验看，流体的流动方式似乎可以分为两种：一种非常平稳；另一种则十分湍急，中间有大量打着旋儿、变化不定的旋涡。如果你轻轻拧开水龙头，水就会平稳地流出来。但如果你把水龙头一下子开到最大，就会喷出带有泡沫的不规则的水流。这两种类型的流动分别叫作层流和湍流。层流很容易解释，流体力学定律可以用确定性方程表示，该方程具有我们喜欢的光滑解。那么湍流呢？

　　在混沌研究的早期，数学家戴维·吕埃勒和弗洛里斯·塔肯斯认为，湍流是混沌在流体力学方程中的一种表现形式。这个观点并没有得到流体力学界的认可，因为他们当时更倾向于一种现在看来非常幼稚的观点，即朗道理论。该理论认为，湍流是不同的周期运动不断累加的结果，但吕埃勒-塔肯斯理论认为这种累加根本不可能实现，更不用说在湍流中实现了。现在回过头看，吕埃勒-塔肯斯理论在许多细节上都存在问题，但它的主要思想——湍流是混沌在流体力学方程中的一种表现形式——似乎是正确的。我们现在知道，在实验室中很容易产生的弱湍流，的确可能源于混沌的动态变化。应用数学家汤姆·穆林证实，库埃特–泰勒实验（两个旋转圆柱体之间的流体）中湍急的泰勒旋涡相当于一个混沌吸引子。"完全成形"的剧烈湍流则是另外一回事，即使它是混沌，我们也知道它是混沌，但这对我们了解其中的状况并没有什么帮助。

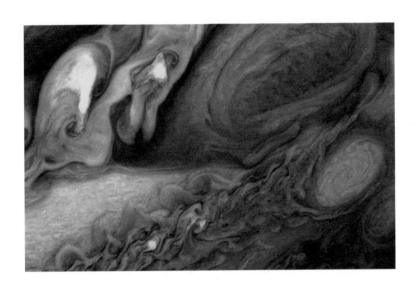

秩序和混沌可以同时出现在一幅图中。在木星的大红斑（上图）内部，大气的流动整齐有序。而在大红斑外面，尾流中的大气不停旋转，形成一连串复杂的旋涡（下图）。这两种情况遵循相同的流体力学定律，但在不同情况下，这些定律的含义不同

分形是混沌的几何形状，因此我们期望在湍流中找到分形结构，目前这一目标已经实现。事实上，早在吕埃勒和塔肯斯提出湍流与混沌的联系之前，这种结构就已为流体力学科学家所熟知。苏联数学家安德烈·柯尔莫哥洛夫对湍流的描述具有非常大的影响力，即湍流是大旋涡向不断变小的小旋涡传递转动能的能量级联。这个描述似乎在说湍流是一种分形，事实也确实如此。实际上，木星大红斑之所以会形成那股优雅、神秘、狂暴的尾流，主要是因为这种能量传递过程。

种群的动态变化

混沌理论也在不断改变我们对生物学的看法。过去，人们对"自然平衡"的理解往往是：狐狸会减少兔子的数量，能否捕捉到兔子又会限制狐狸的数量。这种平衡概念反映了一种不言而喻又根深蒂固的信念，即如果顺其自然，大自然就会进入一种稳定的可预测状态。如果不考虑出生率与死亡率偶尔不平衡的问题，狐狸的数量将始终保持不变，作为狐狸猎物的兔子数量也将始终保持不变。这是一个令人欣慰的概念，即可持续性。

尽管这可能令人欣慰，但大自然并不在乎人类的感受。我们终于逐渐认识到，如果放任自流，全球生态系统不一定会，至少不会简单地进入一种稳定的可预测状态。它会不断地变化，而不是保持平衡。例如，某个物种取得生存优势，这会推动另一个物种的发展，而第二个物种的发展又会导致第三个物种崩溃……就这样，生态系统踩着一位隐形鼓手（人类对这位鼓手的认识还十分模糊）演奏的鼓点，摇摆不定地向前走。

　　20世纪20年代，意大利数学家维托·沃尔泰拉提出用方程式来模拟亚得里亚海中食用鱼和捕食者（例如鲨鱼）的数量。他的模型给出的预测结果不是平衡状态，而是周期循环。假设食用鱼数量激增，捕食者的数量就会随之变化，但两者之间有时间间隔，毕竟繁殖幼鲨需要时间。然后，鲨鱼的数量激增，对食用鱼造成"过度捕食"。接下来，食用鱼的数量急剧下降，大量鲨鱼因为缺乏食物而死亡。由于天敌数量减少，食用鱼数量再次激增……整个过程循环往复。有大量证据表明，鱼群的数量的确会出现波动，但其变化的周期性似乎不如沃尔泰拉预测的那么明显。直到最近，人们才发现那些不太规律的现象并不是由外界干扰造成的。1987年，出生于澳大利亚的数学生态学家罗伯特·梅伊指出，许多标准的种群模型中都会发生混沌动态变化。如果现实世界的状态是一种混沌动态，就有可能发生不规则循环。但

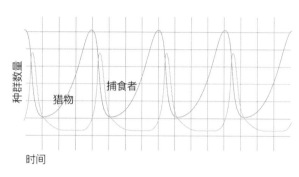

即使自然种群原来的节奏没有受到外界干扰，它们也有可能发生复杂的动态变化。根据一种简单模型的预测，捕食者和猎物可能会发生同步循环，捕食者的数量将随着猎物数量的起伏发生同样的变化，但有一点儿滞后

是，所有不规则性都是在种群内部产生的。

出于某些原因，认为动物种群的不规则现象可能是由种群内部的混沌状态所致的观点，并没有被生态学界接受。诚然，由于无法排除外部因素的影响，所以我们很难验证这种理论的真假。然而，只要数学图形的预测结果是一种稳定状态或周期性循环，人们就会认为这种数学模型可以准确地表现出真实种群的动态。但是，如果这种模型给出的预测结果是一种混沌状态，他们就会认为它们一无是处。大多数数学家都认为秩序和混沌是同一动态的两个重要组成部分，因此他们很难理解人们表现出来的这种偏好。你要么认为这些方程有效，要么认为它们无效，数学不允许左右逢源的做法。

这类实验的难点主要是消除外部因素的影响。1995年，美国人口生物学家吉姆·库欣想到了一个办法，并和同事一起在小型昆虫面粉虫身上开展了实验。生虫的面粉不宜食用，因此面粉行业认为面粉虫是一种害虫。此外，面粉虫的某些习惯令人感到不舒服，例如，它们喜欢吃自己的卵。库欣团队在设计面粉虫种群动态数学模型时，将这些令人不愉快的习惯都纳入了考虑范围。该模型有若干参数，包括死

亡率、产卵数等。外部因素是一
个大麻烦，因为它们可能会改变
这些参数。怎么办呢？答案很简
单，只要想办法保证这些参数不
变即可。如果面粉虫的死亡率过
高，就补充新的面粉虫；如果它
们的产卵数过多，就把多余的卵
舍弃掉。

　　这并不是作弊，物理学家为
了让实验过程中的温度或压力条
件保持不变，也会采取类似的措
施。正是有了这些精确的控制措
施，实验人员才有可能验证是否
存在预期的动态变化。就这样，
库欣团队完成了测试。1997年，

种群动态可能具有混沌性，导致种群规
模具有不可预测性。像蝙蝠这样的群居
动物，它们的混沌性是天然形成的，还
是外部因素造成的，抑或二者兼有（这
种可能性似乎更高）？虽然我们还不知
道答案，但至少我们想到了这个问题

他们发现测试结果与他们的模型预测结果高度一致。此外，他们还在
预期的位置上找到了混沌状态的独特"指纹"。

天气的预测

　　说到预测，人们最希望实现的就是精准的天气预测。农民需要知
道收割干草或小麦的最佳时机，错误的决定会让他们遭受损失；登山
者需要知道是否会遭遇暴风雪。

天气和潮汐都受到自然规律的支配。这些自然规律都是数学定律，而且彼此十分相似。解释潮汐的数学定律描述的是流体（海洋）在太阳和月球引力作用下的运动规律，解释天气的数学定律描述的是另一种流体（大气）在太阳热量日循环影响下的运动规律。既然我们可以预测几年之后的潮汐，为什么不能预测天气呢？

1922年，一位名叫刘易斯·弗莱·理查森的"科学怪人"发表了一篇关于天气工厂的远景展望。他那个时代没有计算机，所以他想象的情景是，一大批人集中在一栋足球场大小的建筑物里操作机械计算器。天气方程变成了一系列计算指令。这群人根据这些指令互相发送信息，将自己负责的那部分计算结果告诉对方。最后，通过疯狂的计算，就可以精确预测出下一天、下一周乃至下一年的天气。

当然，这个疯狂的想法根本没有实现，但是我们现在可以利用功能强大的计算机完成同样的任务。随着电子在芯片和电线内部高速流动，计算工作热火朝天地进行着。借助计算结果，我们可以准确地预测明天的天气。然而，下一周的天气预报仍然频繁出错，至于准确预测下一年的天气，现在仍然看不到希望。

即使有更先进的计算机，也无济于事。原因不在于这些方程式，而是这些方程式具有混沌解。要让这些方程式发挥作用，先要借助分布全球的气象气球、地面气象站和气象卫星，精确观测当天的天气情况。然后，利用计算机运行天气变化规则，看看这些初始条件对未来会产生哪些影响。问题是，混沌会使初始条件下的微小误差不断放大，最终导致预测结果出现较大的错误。

早在1963年，气象学家爱德华·洛伦兹就预言了这个问题。当时，他正在研究一个极其简单的大气对流模型。在用电脑求出了方程天气图形每个月、每星期甚至每天都会发生变化。由于提高计算精度也不可能克服天气固有的混沌性，所以计算能力的进步也不大可能提高天气预报的准确性。但是，气候预测的前景可能会更好，因为气候不依赖于具体条件

的解之后，洛伦兹有了三个重要发现。首先，他发现方程的解很不规则，几乎就是随机解。其次，他发现这些解可以被视为奇怪的几何图形（这就是我们现在所说的混沌吸引子）。（2000年，数学家沃里克·塔克证明了洛伦兹的这个发现。）最后，他发现了蝴蝶效应，即混沌动态对微小误差的敏感性。洛伦兹在一次演讲中说，一只蝴蝶扇动翅膀就有可能彻底改变天气状况。

我们无法用真正的蝴蝶来验证蝴蝶效应，因为这需要整个地球历史上演两次——一次让蝴蝶拍动翅膀，另一次让蝴蝶不要拍动翅膀——才能比较其结果。但是，我们可以借助天气预报员用来预测天气的方程式来达到这个目的。验证结果表明，洛伦兹的发现完全正确。由于观测误差不可避免，所以预测只在一定时域内可行。无论你怎么努力，都不可能预测超出这个时域的天气状况。天气预报的时域大概是4~6天，肯定不会超出太多。

然而，这也不完全是个坏消息。我们可以让混沌状态为我们所用。气象学家现在通常不会只给出一个预测结果，他们会根据实际观测结果做出正常预测，再根据相同的观测结果，结合"蝴蝶效应"或者可能随机发生的小变化，给出49个预测结果。如果所有50个预测结果都能达成一致，气象学家就能断定预测结果是正确的。如果大多数预测结果达成一致，他们就可以断定预测结果有可能是正确的。如果所有预测结果各不相同，就说明未来的天气难以预测。因此，现在的天气预报还会报告预测的可靠程度。在没有水晶球的情况下，我们不可能奢望能更准确地预测未来的天气。

太阳系中的混沌 ────────────────

知晓了天气不可预测的原因后，我们有必要以更严苛的眼光，重新审视我们认为可以预测的那些系统。太阳系就是一个很好的例子。牛顿物理学的伟大胜利在于发现了太阳系遵循简单的定律，并且可以用这些定律来解释（和预测）行星的运动。1682年，埃德蒙·哈雷观测到一颗彗星（现在，这颗彗星被命名为哈雷彗星），并成功地预测出它的归期。他意识到，历史上关于彗星的一系列记录肯定都指向同一颗彗星，也就是这颗沿着椭圆轨道绕太阳不停运转的彗星。因此，他只需要计算出这颗彗星的轨道周期，就可以验证自己的想法了。100多年后，数学家卡尔·弗里德里希·高斯准确预测出谷神星重新出现的时间，这颗星成为人类发现的第一颗小行星，当时它转到太阳背后，已不在人们的观察范围内。1870年，奥本·勒维耶预言了一颗新行星，即海王星的存在。后来，人们在他预测的位置上发现了这颗行星。勒维耶通过研究海王星对木星和土星的干扰，成功地追踪到它的位置。

另一方面，亨利·庞加莱在人造三体太阳系的运动中发现了混沌性。但真正的太阳系有数百个天体，肯定更复杂。20世纪80年代，天体力学领域的科学家开始怀疑太阳系是否真的像表面看起来的那样具有可预测性。1984年，天文学家杰克·威兹德姆、斯坦顿·皮尔和弗朗索瓦·米纳尔在"可预测性"的假象中发现了"第一条裂缝"，指出土星的一个卫星——土卫七的轨道应该很不规则。土卫七不是球形，而是似一个土豆。根据他们的动态分析，这样的天体应该会无规律地翻滚。根据预测，土卫七有规则的轨道，但它的指向没有规律。也就是说，土卫七的方向性是一个问题。后来，人们通过太空探测器和地基望远镜，证明他们的发现都是正确的。

土星环是天空中的另一种混沌现象。我们一直以为土星环是一个平坦的圆盘，上面有几个环形缝隙，但自从"旅行者号"宇宙飞船飞经土星并发回图片后，我们就知道自己错了。土星环其实是由一组非常复杂的狭窄圆环构成的，圆环紧密地结合在一起，就像光盘上的轨道一样，环与环之间有奇怪的缝隙和一些不规则的地方。这些窄环都是由无数的微小颗粒（石块和冰）组成的。由于附近的卫星会导致这些微小颗粒无序摇摆，所以形成了一条条缝隙。

英国天文学家卡尔·默里证实，混沌的数学特性表明卫星的质量和它导致的缝隙宽度成正比（缝隙宽度与卫星质量的比为2∶7）。目前，有的缝隙中还没有发现卫星。这个公式可以预测"失踪"卫星的质量，并告诉我们用现有的望远镜找到这些卫星的可能性有多大。利用这个方法，人们已经发现了好几颗新的土星卫星，而且它们的质量与预测结果一致。

随着时间的推移，我们在太阳系发现了越来越多的混沌现象。威兹德姆团队建造了一台计算机——数字太阳系仪，它的唯一任务就是迅速预测太阳系未来的情况。该团队利用这台计算机"快进"了太阳系的动态变化，结果发现冥王星的轨道是混沌轨道。一亿年之后，它的轨道基本上与现在的轨道相同，但我们不知道它将位于太阳的哪一边。在更长的时间尺度上，整个太阳系都是混沌的。这并不奇怪，因为冥王星是太阳系的一部分，与所有其他行星都会发生相互作用。奥斯卡二世提出的宇宙是否稳定的问题，比他想象的还要复杂……

由雅克·拉斯卡尔领导的一个研究小组证实，大多数行星都像土

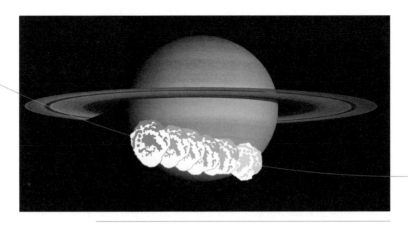

天空中呈现的图形帮助牛顿发现了万有引力定律。然而，定律有可能导致混沌，我们的太阳系也显现出许多混沌的迹象。土卫七沿着一个规整的轨道运转，但它还会无规律地翻滚，所以无法预测它的朝向。土星环生成缝隙的过程也与混沌有关。天文学家在了解了这层关系后，成功地预测并发现了土星的新卫星

卫七一样有翻滚的倾向，只不过它们的翻滚速度比较慢。例如，火星每隔1 000万年就会上下颠倒一次。有趣的是，因为月球的存在，地球非常稳定，几乎不会翻滚。拉斯卡尔认为，这可能有助于地球上的生命进化，但这个说法是有争议的。他的团队还将太阳系"快进"了几十亿年的时间，结果发现奥斯卡二世的问题的答案可能是否定的。水星一边旋转，一边慢慢地向外运动，大约10亿年后，它将会与金星近距离接触。于是，它们中的一个就会被太阳系驱逐出去。到底哪一个会被驱逐？我们无从知晓。

因为太阳系是混沌的。

彗星来袭！

把地球上的事件与太空深处的事件联系起来的桥梁，不只是数

学。我们脆弱的地球比我们想象的更容易受到天体事件的影响。人们第一次用望远镜观测月球时，就清楚地看到它上面到处是大大小小的坑洞。在很长一段时间里，这些坑洞一直被认为是由火山喷发造成的，但在阿波罗11号登月之后，人们才最终确定大多数坑洞都是陨石撞击的结果。数十亿年来，月球遭到了大小不一的岩石的撞击，留下了不可磨灭的痕迹。水星、火星、木星的主要卫星，以及所有我们能近距离拍摄的小行星，都存在类似情况。

离亚利桑那州的弗拉格斯塔夫不远，有一个直径为1英里、深度为650英尺的陨石坑。5万年前，一颗陨石撞击地球，在地球上留下了这个大坑。假设这颗陨石的速度等于越地小行星的平均速度，即大

太空中有很多岩石，它们经常会与别的东西发生碰撞。图中的亚利桑那州陨石坑充分证明我们有可能成为这些岩石撞击的对象。有人认为，在恐龙灭绝的过程中，一次规模更大的撞击事件起到了推动作用

约每秒11英里，它的直径就应该约为500英尺。对小行星来说，这是很小的一颗，但它的爆炸力约为20兆吨。但是，那是很久以前的事了，而且这种事的发生频率极低。陨石在穿过地球厚厚的大气层时会燃烧，因此大气层可以保护我们免受陨石的威胁。但陨石撞击的可能性真有那么小吗？迄今为止，地球上已经确认的撞击结构（陨石坑遗迹）至少有150个，还有30个存在争议。海洋中的撞击几乎不留痕迹，但总数应该与之相仿。我们周围看不到陨石坑，主要原因是它们受到了风和雨水的侵蚀，而在月球和其他星球上，陨石坑很少甚至不会受到侵蚀。今天，加拿大魁北克省曼尼古根的撞击结构看上去就像一个环形湖，但它的宽度是45英里。这个撞击结构形成于2.1亿年前。诚然，我们不需要担心如此久远的事情，哪怕它非常危险，但在1908年6月，西伯利亚的通古斯火球把苔原上一处约有45平方英里的林地

同太阳系里没有大气层或大气稀薄的所有天体一样，月球（左图）上也到处可见撞击坑。希克苏鲁伯陨石坑（右图）是地球上最大的陨石坑之一，从空中雷达图像看，它留给人们的印象更深刻

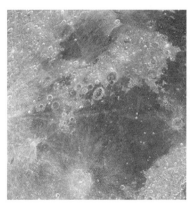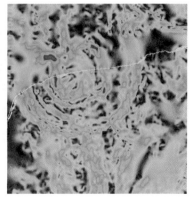

夷为平地。现在，我们几乎可以确定这是一起陨石撞击事件。所以，并不是所有的陨石都会燃烧殆尽，陨石撞击事件也不一定都发生在数百万年以前。墨西哥沿海尤卡坦半岛上的希克苏鲁伯陨石坑宽110英里，它是所有陨石坑中最引人注目的。它被埋藏在随后形成的岩层之下，人们通过地球重力场的微小变化才第一次发现了它的存在。最近，石油勘探人员的钻井活动证明它确实存在，位于地面下约3 000英尺的深处。

希克苏鲁伯的撞击发生在6 500万年前。巧合的是，当时正是白垩纪和第三纪交替之际，地球上的地质和化石记录发生了重大变化。就在撞击前后，发生了一场大规模的灭绝事件。这样的灭绝事件，我们至少知道4起。无数的植物和动物灭绝，其中最著名的当然是恐龙。

恐龙是一种非常成功的动物，在地球上存活了大约1.6亿年，其间没有发生任何明显的问题，但突然就从地球上消失了，这让古生物学家始终困惑不解。

1980年，美国物理学家路易斯·瓦尔特·阿尔瓦雷斯在白垩纪–第三纪岩层中发现了一个富含元素铱的薄层。铱是一种不同寻常的元素，在地球上非常稀少，但在很多陨石中含量丰富。阿尔瓦雷斯因此断定地球曾遭到一颗直径约为6英里的陨石的撞击。后来，越来越多的证据证实了他的这个观点。恐龙是被K–T陨石（指白垩纪–第三纪陨石，在德语中，白垩纪的首字母是K）灭绝的吗？即使不是，那次撞击事件也肯定对恐龙的生存环境无益。陨石撞击会向大气排放大量灰尘，遮挡阳光，摧毁植被，进而波及整个食物链，其破坏力比核战争大得多。也有人认为，在地球的另一端，印度境内的德干岩群有大量火山正好在这一时间爆发。

　　还有一种说法最有趣：K–T 陨石的冲击波穿过地球，在与撞击点相对的另一侧汇聚，引起火山爆发，形成德干岩群。2015 年，地质学家发现，在撞击后不久，德干岩群的熔岩流增加了一倍。不管具体情况怎样，在 6 500 万年前，恐龙和地球上的其他生物都遭到了致命打击，深刻反映了天体事件对地球生命的影响力。

保护神与驱逐者

　　K–T 陨石可能是一颗小行星，也可能是一颗彗星。如果是彗星，那么它肯定来自奥尔特云。奥尔特云是一片巨大而分散的星云，人们认为其内部有上千亿颗绕太阳运转、有可能变成彗星的天体。奥尔特云内层与太阳的距离大约是冥王星与太阳距离的 25 倍，厚度是太阳到比邻星距离的 1/3。因此，恐龙灭绝可能是数万亿颗冰冻雪球的混沌运行造成的不可预测的结果。反之，如果 K–T 陨石是一颗小行星，那么造成它撞击地球的原因也与混沌有关，但罪魁祸首很可能是木星，它比奥尔特云近得多。

　　这就有点儿出人意料了，因为木星在太阳系中的作用之一似乎就是阻止彗星接近内行星。木星比行星大得多，相应地，它的引力场也非常强，可以清除从其旁边经过的彗星。1994 年 7 月，当苏梅克–列维 9 号彗星接近木星并从其旁边掠过时，就上演了戏剧性的一幕。整个彗星分成了 21 个碎块，携带着相当于 1 万颗氢弹爆炸的能量，撞上了木星。整个过程与天文学家之前的预测毫无二致。木星的大气层中出现了一个比地球还大的暗斑，持续数周才消失。计算表明，这是一起典型性事件，任何靠近木星的彗星都有可能遭遇类似的命运。

然而，小行星是另一回事。大部分小行星都是从木星轨道内的某个位置出发，不可能与地球近距离接触。小行星是较小的天体，最大的小行星是谷神星，直径为290英里，许多小行星的直径仅有几十英里，甚至更小。它们都位于火星和木星之间，绕着太阳运转。就像土星环一样，小行星不是均匀分布的，但只有通过分析，才能发现它们的这一特征，原因是它们的质地不像土星环中的岩石那样致密。小行星与太阳之间的距离呈现出奇怪的图形。在有些距离上，聚集了很多小行星，但在某些距离上却一颗小行星也没有，徒留一片空隙。

小行星聚集成团与留有空隙这两种现象的形成原因相同，与土星

先告诉大家一个坏消息……木星可以干扰脱离太阳轨道的小行星，并在火星的推波助澜下，让这些小行星冲向地球（左图）。具体过程是：木星的引力扰乱一颗小行星的运行；小行星的轨道拉长，并且脱离小行星带；如果它从火星旁边经过，就有可能改变方向，冲向地球（右图）

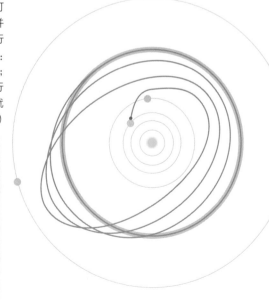

环缝隙的形成原因也基本相同。在它与太阳之间的距离正好是某些特定值时，小行星就会与木星发生共振。这意味着它的轨道周期与木星轨道周期之比是一个简分数，例如，前者是后者的 1/2 或 2/3。共振会造成一个重要结果：每隔一段时间，小行星相对于木星的位置就会保持不变，所以木星对它的引力作用也会保持不变。这会产生两种可能的结果：一种是让小行星稳定下来，另一种是导致小行星不再稳定。第二种结果发生的可能性更高，但到底是哪种结果，取决于那个简分数的值。混沌与大多数共振有关，其作用是将小行星推离轨道（同时停止共振）。某些共振（希尔达群就是一个非常好的例子，这些小行星的轨道周期是木星轨道周期的 2/3）的混沌性很不明显，不会造成太

接下来告诉大家一个好消息……值得庆幸的是，木星可以有效地将冲向并有可能撞上地球的彗星清除掉。1994 年，苏梅克－列维 9 号彗星解体，撞向木星致密的大气层。如果它击中地球，破坏力将是核战争的好几倍

大的破坏作用。在这种情况下，共振会使小行星聚集成团。假设一颗小行星与木星发生共振，并且这颗小行星在一次受混沌影响的共振过程中脱离了原来的轨道。这样一来，它的轨道形状就从近似圆形变成了椭圆。小行星的椭圆轨道无论被拉到多长，它的近端也不可能进入地球轨道，也就是说，这颗小行星不会成为一颗"穿越地球"的小行星。我们是不是应该感到很庆幸？不幸的是，这并不是一件值得庆幸的事，因为它有可能成为一颗穿越火星的小行星。如果它在穿过火星轨道时与火星距离较近，火星的引力就会给它一个很大的推力，足以把它送入地球轨道。如果此时地球正好出现在一个错误的位置上……

的确，这种情况发生的可能性不大。但是，前文介绍过，一些非常大的小行星曾经撞击地球，其中最著名的就是K–T陨石。这颗陨石可能只是起到了推波助澜的作用，可能只是触发了不稳定的火山，可能只是把最后一根稻草压在三角龙的背上，但毫无疑问，当时有一颗小行星撞击了地球，而且肯定给像恐龙这样的庞然大物带来了巨大的麻烦。

是的，木星保护我们免受彗星的威胁，但它也会把飞行的小行星抛向我们脆弱又珍贵的家园。此外，火星也常常处于"头球破门"的绝佳位置。如果这一切真的发生，就会有另一群动物仰望天空，疑惑地看着那个明亮的光团，然后……

对称与混沌

混沌不只是厄运和灾难。它是由简单规则产生的复杂结构，这也是我们解释雪花形状时的一个必需要素。但我们还需要另一个要素，那就是对称性。从一开始，我们就明智地认为，在解释雪花形状时，对称性肯定是一个非常重要的内容。如果雪花是不对称的，我们可能就不会对它的形状感到好奇——不对称的雪花不过是一颗不规则的冰粒罢了。

通过审视自然界中无数其他对称图形的例子，我们发现，雪花的神秘规律充分证明对称性还要深入得多、广泛得多。自然法则也具有对称性，事实上，产生雪花的定律比雪花本身更对称。

我们知道，对称性破缺为对称的原因产生不那么对称的结果提供了一种可行的途径，尽管这与居里原理不一致。自然法则的对称性被打破后，残留的对称性只能呈现在一颗冰粒上。由此可见，雪花的对称性可能是自然法则的对称性被打破后的残余物。这些推测正好可以解释雪花的规则性，但对于我们了解雪花形态的其他特点（不规则性）却几乎没有什么益处。雪花如此迷人，其实正是对称性和不规则性高度统一的结果。

那么，在一个规律的世界中，不规则性从何而来？最可能的正确答案就是混沌。

这表明，如果我们能把对称与混沌统一到同一个数学系统中，就可以解释雪花的形状了。这就好比把两个看似毫不相干的事物，比如粉笔和奶酪融为一体。事实上，粉笔和奶酪的关系可能比我们想象的要近得多。它们都是动物产品：粉笔是无数动物尸体石化的产物，而奶酪是用从活着的动物身上挤出来的乳汁制成的。

20世纪80年代末，马丁·戈卢比茨基发现，有一种简单的方法可以将对称性和混沌统一到同一个数学系统中。如果动态系统呈现的法则（根据过去预测未来的规则）是对称的，那么作为一个系统，它也是对称的。也就是说，对称的原因产生的结果会呈现出相同的对称性。

我们可以根据系统方程，把这个复杂的原理转化成数学条件。我们的研究离不开这些方程，幸运的是，19世纪的古典数学家已经研究出了这些条件对这些方程的意义。所以，我们可以很容易地找到实验所需的样本方程。

本身不具有任何对称性的方程有时会产生规则的动态，有时则会导致混沌。事实证明，对称的方程具有同样的特点。用适当的方式调整方程中的数字，就可以得到遵循对称规则的混沌动态，即对称的混沌。这样的系统有什么表现呢？如果你用几何图形思考这个问题，并绘制出它们的吸

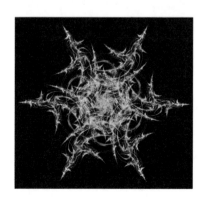

对称和混沌并不排斥，而是同一枚"动态硬币"的两面。在数学上，对称和混沌可以共存，还会产生美丽、对称的吸引子。吸引子的整体形态体现了对称性，而错综复杂的细节则体现了混沌性。图中所示吸引子是由简单的六次对称方程产生的。与雪花相似很可能是偶然现象，但更复杂的方程的确可以利用相同的因素，即混沌性加上对称性，创造出有物理意义的雪花模型

引子，就会发现答案十分简单。你会看到，吸引子既是混沌的（因为这些动态是混沌的），又是对称的（因为规则是对称的）。如果有人告诉你这个答案，你就会发现这是显而易见的。

利用雪花的六次对称性写出动态方程，调整数字，使动态变成混沌，就可以得到具有六次对称的混沌吸引子。（有些吸引子甚至与雪花十分相似，但这可能是一种视觉双关，因为吸引子存在于相空间中，而不是真实空间中。然而，稍微掌握一点儿数学知识，就可以通过对称的混沌创造出树枝状的图形。）戈卢比茨基和法国应用数学家帕斯卡·肖萨在首次从事这项研究时，把这些吸引子称作"icon"（图标）。混沌使吸引子形成了美丽而复杂的内部结构，我们可以根据系统访问某个特定点的可能性，并用不同颜色将它呈现出来。就像万花筒一样，对称性会多次复制混沌。

此后不久，我和戈卢比茨基在一次关于图形形成的会议上碰巧看到了一个关于纺织品的电视节目。据介绍，出于类似的原因，纺织品上经常会出现与墙纸类似的图案。因此我们想，是否可以借鉴这个创意，创建带有混沌图案的墙纸呢？基本思想不变，但现在我们使用的是具有墙纸晶格对称性的方程，共有 17 种可选项。我们只进行了一次尝试，就得到了一种混沌的花卉图案。

混沌吸引子对物理学有什么意义呢？它代表一种"平均"图形。我们以法拉第的实验为例。盘子里平静的液面一旦开始振动，就会形成波浪。即使容器是圆形或方形的，波浪也会呈现出混沌图形。但是，波浪的平均图形与预测结果一致，即具有与圆形或正方形相同的对称性。

第 15 章
自然法则的秘密

揭示地球上人类尺度的事件与太空中宇宙尺度的事件达成统一的奥秘，是数学史上一个伟大的主题。牛顿说，引力对苹果和月球的作用是一样的。尽管苹果的故事可能是牛顿杜撰的，但他的这句话还是真实可信。不仅如此，引力对星系、星系所在的超星系团，或者整个宇宙的作用都是一样的。

物理定律同样放之四海而皆准。即使星系之间是高度真空状态，而天狼星内部是一个核熔炉，这两个地方的物理定律也是一模一样的。不同的是它们的表现方式。即使把天狼星放置到星系之间的真空中，它的内部仍然是一个核熔炉，与现在几乎没有区别。

既然我们要研究操控系统行为的规则对系统形态的影响，那我们不妨深入一些，把宇宙作为一个整体进行考虑。关于宇宙的形态、历史和起源，我们知道哪些信息呢？这些信息与物理定律有什么关系？

牛顿在他于1686—1687年出版的《自然哲学的数学原理》中，称自己创作这部经典著作的目的是揭示"世界之体系"。牛顿的宇宙包括绝对空间（物体在其中运动）和绝对时间（可以确定发生的变化）。特定时刻可以同时发生在宇宙的各个地方。

在艺术家的印象中，宇宙因为大爆炸而不断膨胀，星系高速前进，彼此间的距离越来越大。现实虽然没有这么夸张，但更加壮观。数万亿的星系不仅四处运动，它们之间的空间也在膨胀。从你开始阅读这段文字到当下这一刻，宇宙又变大了。虽然我们知道宇宙在膨胀，但我们却无法回答一个更基本的问题：宇宙是什么形状的？

20世纪初，阿尔伯特·爱因斯坦发现这种绝对论与电、磁和光的物理原理是不一致的。他还强调，宇宙对称是一条不可动摇的原则，任何参考系遵循的定律都必须是相同的。即使在一个运动的参考系中，只要运动速度恒定，这条原则就成立。爱因斯坦将这种相对论与他对万有引力的新认识结合起来，提出了广义相对论。这套乍看很奇怪的理论认为空间和时间在某种程度上是可以互换的。万有引力根本不是一种力，而是弯曲时空的一种表现。大质量恒星周围的空间和时间是"弯曲"的，爱因斯坦通过方程对这种弯曲现象进行了描述。在广义相对论早期，爱因斯坦方程的唯一解（任何人都可以求出这组解）具有球对称性，因此产生了三种不同类型的解，即随着时间流逝而不断收缩的球体，大小保持不变的球体，或者不断膨胀的球体。后来，美国天文学家埃德温·哈勃根据遥远恒星的谱线红移现象，提出了宇宙膨胀的确凿证据。至此，人们发现宇宙就是一个不断膨胀的球体。

我们不再认为宇宙是一个球体，但我们非常确定它一直在膨胀，哈勃的原始观测结果已经无数次地证明了这一点。如果把宇宙膨胀的过程颠倒过来，整个宇宙就会收缩成一个点，最终消失不见。因此，在恢复至正常的时间方向后，我们可以推断出，在大约120亿年前，宇宙从虚无中诞生，开始的时候只是一个点，之后它以极快的速度膨胀，成为今天这个巨大的宇宙。这就是宇宙大爆炸。

我们必须弄清楚一个问题（虽然有难度）。如果你以为不断膨胀的"泡泡"里装满了被空间包围的时间和物质，就大错特错了。那个"泡泡"就是空间，空间本身是从虚无开始膨胀的。在大爆炸发生之前，时间根本不流动，是大爆炸让时间开始流动的。因此，"之前"这个词用得并不恰当，因为之前根本不存在。大爆炸宇宙论引起了极大的争议（一点儿也不奇怪），但今天，它已成为宇宙学家的共识。由于光速是有限的，所以我们的望远镜可以看到的距离越远，就越能看到更早之前的情景。也就是说，我们可以检验宇宙的初期阶段是否与大爆炸理论一致。具体来说，我们可以探测宇宙微波背景辐射——大爆炸留下的模糊不清的"回声"。所有人都知道，如果这些"回声"真是宇宙大爆炸遗留下来的，就与我们的预期不谋而合了。然而，根据最近的一些观察结果，原来的大爆炸理论需要修改。此外，还有一些观察结果令人费解。

宇宙是什么形状？

　　对称性可以降低方程的难度，使方程易于求解。物理学家第一次求解爱因斯坦方程时，只能求出具有球对称性的解。但这并不奇怪，因为在三维空间中，球对称性是在保持所有重要结构的前提下最彻底的对称性。在他们求出对称程度较低的解之前，所有人已经习惯性地认为宇宙具有球对称结构了，以至于很长一段时间之后，人们才意识到还有其他的可能性。也就是说，尽管我们收集了大量的证据来证明宇宙大爆炸，但就目前而言，我们却几乎找不出任何确凿的证据，证明宇宙到底是什么形状。

　　"形状"这个词用在这里不太合适。我们可以站在合适的距离上，通过观察判断一个物体的形状。物体位于三维空间中，占据了这个空间的一部分，而"形状"则描述了物体所占空间与整个空间之间的关系。但宇宙就是整个空间，我们就身处其中，因此我们无法在一定距离之外观察它。

很久以前，数学家就已经坦然接受这个困局了。如果我们可以合理地讨论某个数学"对象"或"空间"中两点间的距离，这个"对象"或"空间"就有一种形状，它概括了所有点的相互关系。这种形状是内在形状，不受物体在空间中所处位置的影响。

放在桌子上的方格纸是平坦的。我们观察纸上印刷的方格线，就可以看出这张纸是平坦的。方格线由两组相互垂直的平行线组成。现在，我们将纸弯曲，形成一个弧面。从外部看，我们说纸是弯曲的。但从内部看，它还是平的。沿着纸的表面测量两点之间的距离，测量结果没有任何变化。去掉周围的空间，剩下的就是内部几何结构了。如果一张纸上有这样的方格，它就是平坦的。

而球面上网格状的经纬线则完全不同。这些线也相互垂直，但它

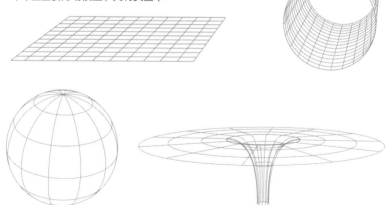

爱因斯坦认为，万有引力不是一种力，而是弯曲时空的一种效应。在数学家看来，即使把一个平坦的平面卷成圆筒，它仍然是平坦的。球体具有正曲率，而漏斗（恒星引力场模型）具有负曲率

们是圆，而不是无限长的直线。球面不是平坦的，你可以从它的内在几何结构看出这个特点。纸上的方格线和球面上的经线有一个特殊的性质，即它们都是两个端点之间的最短路径。这样的路径被称为测地线。也就是说，通过观察测地线的几何形状，就可以判断空间的内在形状。利用这些知识，我们就有可能了解宇宙是什么形状。那么，宇宙的测地线是什么呢？答案是光传播的路径。

当我们观察一颗遥远的恒星时，我们的视线就会与宇宙的一条测地线重合。所以，如果时空在本质上是弯曲的，那么我们应该能看出它是弯曲的，事实上我们的确可以。星系的引力非常强，足以让从其旁边经过的光线发生我们可以察觉到的弯曲。如果星系另一侧有一个非常明亮的光源——另外一个星系或者一个类星体，那么光线的扭曲就会使这个遥远的星系或类星体产生多重像，这就是所谓的引力透镜效

我们可以通过测量引力对遥远星系发出的光的扭曲作用，来观测弯曲时空。这种扭曲作用通常很小，而黑洞附近的扭曲作用非常大。上图展示的是一个超大质量黑洞，它是太阳质量的几百万倍

应。在天空的许多不同位置都已探测到引力透镜效应，也就是说我们已经看到了弯曲的时空。

如果恒星的质量非常大，那么它在自身引力场的作用下发生坍缩时，就会产生更强烈的弯曲效应。如果它的质量足够大，坍缩后的密度就会非常大，连光都无法逃逸。这就是黑洞，是一个出于某种原因与宇宙其他部分隔绝的一个时空区域。你看到的只是它周围连光也无法逃逸的时空界面，即黑洞的事件视界。现在，天文学家确信黑洞是存在的，尤其是在所有大型星系的核心，银河系也不例外。

所以，宇宙的形状与布满小气孔的瑞士奶酪十分相似。然而，我们并不知道这个奶酪是圆的还是扁平的，也不知道它是圆柱形的还是环形的。为了解决这个问题，我们必须更加深入地思考时空的几何结构。但在此之前，我们需要回过头对自然法则做进一步研究。

宇宙中的对称规则

尽管宇宙中发生的事件错综复杂，但它们都遵循着某种隐藏得很深的规则和秩序。我们的大脑不可能了解宇宙发生的所有变化，事实上，我们的大脑也不可能了解我们自身行为的所有细节，尽管它掌控着我们的行为。原因就在于，发生的变化太多了。但我们发现，只要制定出一些简单易懂、非常精确和足以让我们深入掌握宇宙动向的规则，就可以让复杂多变的宇宙变得易于掌控。

过去，科学家认为这些规则只是描述了宇宙的实际运行方式，从"自然法则"这个表述可见一斑。在牛顿时代，人们认为他用数学公式来表示万有引力定律，就是对引力作用的精确描述。多亏了爱因斯坦，我们现在知道这个定律其实只是一个精确的估算结果，不适用于极端条件。即使在今天，许多物理学家仍然相信经过最后修改的自然法则是正确的；他们认为之前总结的自然法则是一种近似描述，而我们现在认可的自然法则没有任何错误。他们可能是对的，但历史常常给出相反的答案。

　　爱因斯坦对自然法则的简单性有着深刻的理解。前文说过，他基于对称性原理建立起他的物理观，即时空的对称变换肯定不会改变自然法则。相对论是在电磁力和引力环境下根据这一原理得到的研究成

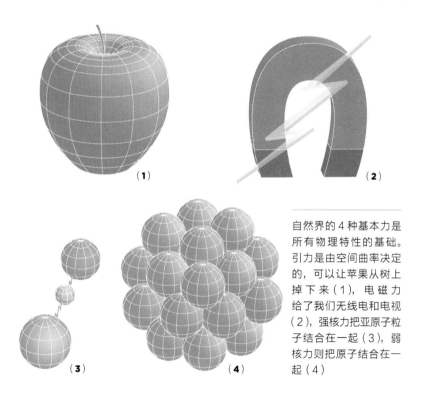

自然界的 4 种基本力是所有物理特性的基础。引力是由空间曲率决定的，可以让苹果从树上掉下来（1），电磁力给了我们无线电和电视（2），强核力把亚原子粒子结合在一起（3），弱核力则把原子结合在一起（4）

果，电磁力和引力是影响物质表现的两种基本力。

在这两种基本力的基础上，量子理论又增加了强核力与弱核力这两种基本力。此外，就像时空对称性限制相对论的对称性一样，量子理论还增加了一系列对称性，用来限制量子力学定律。其中的一些对称性很容易理解，包括镜像反射、时间反转（也称时间反演）和让正负电荷互换的电荷共轭（宇称）。此外还有一些对称性，我们只有在量子世界的数学表述中才能发现它们的身影。

量子理论的核心是粒子物理学，其宗旨是找出并厘清物质最小组成部分（基本粒子）的关系。最初，这项任务似乎非常简单，因为人们只确认了三种粒子，即质子、中子和电子。但物理学家很快又发现了更多粒子，例如光子、中微子、K介子、π介子……这样的粒子已多达数百个，据说都是"基本"粒子。这下子事情可不好办了。

1962年，美国物理学家默里·盖尔曼和以色列理论物理学家尤瓦勒·内埃曼发现基本粒子的一个亚类——强子——具有一种美丽的内部对称性。例如，如果根据所谓的SU（3）对称性转换来表示这些粒子的数学方程，其实质就相当于通过"旋转"将质子变成了中子。也就是说，我们可以把质子的方程转换成中子的方程。大自然搭建起一种深奥而奇异的内部结构，在这种结构中，就连粒子的特性都是可变的。

今天物理学的一个重要目标是建立一种能统一4种基本作用力的理论，通常被称为万物理论。关于这样的理论有多大用处或意义的问题，已引发了一轮又一轮的争论。例如，人们并不清楚它是否会大幅加深我们对心理学、经济学乃至晶体学的理解。但是，如果它可以统一量子理论和相对论，那将是一项伟大的成就。处于前沿的超弦（与粒子差不多，但形状像曲线而不像点）理论令人兴奋不已，它的驱动力来自雅致的数学对称性。这些对称性与盖尔曼以及内埃曼发现的对称性十分相似，但更加奇异。

不幸的是，由于超弦实验需要的能量远远超出了当前仪器所能达到的范围，所以我们还没有找到超弦的实验证据，以后也很难找到。但是，物理学的核心观点仍然是，大自然的重要规则表现了宇宙深层的对称性。

宇宙是对称的吗？

奇怪的是，关于宇宙最深层对称性的理论描述与我们目前的这个宇宙并不一致，它们针对的可能是大爆炸发生后不久的宇宙。但是，这些对称性也有可能只是数学虚构的产物，根本就不适用于我们这个宇宙。这一难题可以追溯至1956年，在这一年，理论物理学家李政道和杨振宁提出弱核力违反了镜像对称，而且他们的观点得到了实验物理学家吴健雄的证实。这是人类第一次发现宇宙中某些明显的对称性偶尔会失效，或者说它们可以被打破。宇宙遵循的规则与宇宙镜像遵循的规则其实并不相同。违反镜像对称的现象似乎仅限于弱核力（引力），电磁力和强核力在镜像世界里是不会有任何变化的。此外，弱核力的不对称程度非常低。如果我们的宇宙法则与另外一套宇宙法则仅在细微之处略有不同，且另一个宇宙更完美、更对称，在那里4种基本力都具有镜像对称性，这一切才能说得通。

某些引人注目的大爆炸数学模型给出的预测结果更加雅致，在一个预测结果中，4种基本力没有任何不同之处。但是，随着宇宙从大爆炸后的炽热状态开始降温，它经历了一系列的相变，就像蒸汽先变成水，又变成冰一样。从某种意义上说，这个说法更像整个过程的真实描述，而不是一个比喻。我们的宇宙法则随着这些变化一分为四，而且这四套法则各自拥有独特的属性。

从数学上讲，早期的宇宙法则比现在的更简洁雅致。目前，我们尚不清楚这个理想、完美且只有一种基本力的宇宙是否真的存在过，也不清楚它是不是数学虚构的产物，但人们为了解释真实的近似对称而假设它存在过。继续用冰来打比方。我们可能会认为，一个由冰构成的宇宙一直都是冰冻状态，从来没有液态水。尽管如此，当我们研究冰的结构时，认为冰的晶格是假设存在的液态水宇宙（甚至是对称程度更高的蒸汽宇宙）的对称性破缺的结果，仍然有可能得到一些数学洞见。即使宇宙这场大戏从未有过数学为之设计的情节，数学编写的剧本中也有可能包含一些精彩的台词。

可以肯定的是，在大爆炸发生的一瞬间，我们的宇宙经历了对称性破缺。例如，物质刚开始是均匀分布的，但很快就开始形成团块结构。这种物质结团现象对人类的生存具有至关重要的意义，因为这些团块结构是促使物质聚拢形成星系、恒星和行星的原因。20世纪90年代早期，COBE卫星占据了全世界媒体的头条，原因是它成功探测到了时间边缘的涟漪，即由均匀分布向团块结构的第一次变化遗留至今的痕迹。这时候的结团程度非常低，约为万分之一的比例。然而，宇宙不断膨胀并冷却，为形成我们今天看到的真空与超星系团的分形网络结构创造了充足的条件。

虽然宇宙学解释了物质结团现象，但它还面临着其他重大难题，其中之一就是为什么今天的宇宙如此平坦。如果把这些团块结构拿走，再看看宇宙的背景形状，就会发现宇宙的弯曲程度非常低。在引力的作用下，宇宙就像一个到处是沙丘的平坦沙漠。那些沙丘是结块的物质，它们基本处于一个平坦的位置上。要知道，它们也可以演变成另外一种情况。设想一下，让那片沙漠弯曲成一个球体或者一个圆环，再把沙丘放到这片沙漠上。

这种平坦性从何而来？

宇宙膨胀说受到了人们的认可。该理论认为，宇宙曾经有一个突然加速膨胀的过程，之后才稳定为当前的状态。设想一个气球被吹成小球体，然后突然膨胀上亿倍，变成一个巨大的球体，那么这个球体的任何局部区域都与平坦的平面无异。就像地球表面一样，尽管它实际上是圆的，但看上去是一个平面。关于宇宙膨胀时代的精确细节，

时间边缘的涟漪……根据宇宙背景探测者（COBE）卫星的探测，宇宙微波背景辐射具有不均匀性，这表明早期宇宙有轻微的物质结团现象。这种现象达到一定程度后，引力就会进一步加强这种趋势，使物质在各个尺度上的分布形成可以观测到的团块结构

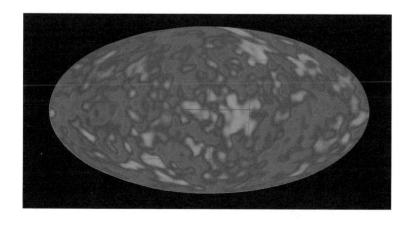

宇宙学家仍然争论不休，但他们确信，现在展现在我们眼前的宇宙形态肯定是通过类似的方式形成的。

世界末日

宇宙现在具有的平坦性与另一个难题有关：宇宙将如何终结？

根据广义相对论，物质越多，宇宙就越弯曲。如果有大量的物质，那么引力（在大尺度上，这种力将宇宙维系在一起，并减慢了天地万物相互分离的速度）最终将会胜利，宇宙的膨胀速度将慢下来并最终停止，之后宇宙开始坍缩。如果物质比较少，宇宙就会无限膨胀。我们的宇宙近似于平坦，可见它正处于膨胀和坍缩的分界线上。

为反驳这种观点，我们需要提出相反的证据。我们可以测量宇宙中望远镜观测范围（目前已经相当大了）内的物质数量，然后估算宇宙中的物质总量。如果在可观测区域内只存在我们能看到的那些物质，那么宇宙中的物质总量必须扩大到10倍，才能逆转其不断膨胀的趋势。这个数字令人难以相信，因为它同样说明，宇宙中的物质总量必须扩大到10倍，才能让宇宙达到目前的平坦程度。很明显，我们的观测结果和我们的理论预测结果有很大的出入。

宇宙学家在很大程度上寄希望于一个假设：90%的宇宙物质可能是以冰冷的暗物质形式存在的。我们现有的仪器无法观测到这种奇异的物质形式，它可能散布在空间之中，除引力以外，我们无法通过其他任何手段感知它们的存在。批评者反对这个说法，认为这是一种理论补救行为，相当于宣布月球上有生命，但这种生命体看不见、摸不

宇宙将如何终结？一种可能是宇宙的膨胀速度逐渐减慢，然后开始坍缩。宇宙的最后几分钟可能会上演大挤压，这个过程与大爆炸正好相反

着，而且无声无息。几乎每个月都有人宣布，"丢失的物质"已经被"找到"，它们藏身于恒星之间的气体中，在3 000光年之外的几乎没有质量的量子粒子中。这项工作还没有取得令人信服的最终结果，当然，问题也有可能不在于那些丢失的物质，而在于我们的宇宙理论。毕竟，在这个科学领域，我们无法用实验室的实验来解决难题。

假设这个理论是正确的，丢失的物质躲在某个地方，这些物质就会变得非常重要，它们最终会让宇宙的膨胀速度慢下来、停止膨胀并开始坍缩。诞生于大爆炸的宇宙，未来必将无法逃脱大挤压的结局。

这给热力学第二定律带来了问题。人们通常认为，按照该定律，宇宙的混乱程度（专业术语叫作"熵"）会不可避免地增加。解决这个问题其实很简单。宇宙从一个高度有序的系统（一个点）开始膨胀，在这个过程中，它的熵增加了。到目前为止没有任何问题。但是接下来，宇宙停止膨胀，开始收缩，但它的熵还在增加。最后，它回到最终的状态，即一个点；在这个过程中，熵肯定也在继续增加。但是，最终的熵肯定和最初一样，因为大挤压的终点就是大爆炸的起点。

为了解决这个问题，人们付出了很多努力，也做出了许多有趣的猜测。熵增加的方向似乎与时间矢量有关，所以一些物理学家认为，当宇宙停止膨胀时，时间会停止；当宇宙开始收缩时，时间会开始倒流。当时间倒流时，熵的增加就相当于时间正向流动时熵的减少。这样一来，那个明显的矛盾就不存在了。

我认为，根据热力学第二定律的本质及其适用范围来解决这个问题，可能更合理。该定律源于蒸汽机研究和利用热能无法实现永恒运动的原理。在这些领域，它都是适用的。但是，前文中说过，熵增加原理适用于像气体这种作用力为短程排斥力的系统，而不适用于作用力为长程吸引力的系统。由于这两种类型的力都存在于宇宙中，所以熵模型只适用于某些问题，而不适用于其他问题。同样，引力模型也只适用于某些问题，而不适用于其他问题。引力成团增加的"秩序"有可能与热扩散减少的"秩序"相互抵消，但是熵不需要保持平衡。

时间旅行

现代宇宙学唤醒了一个关于时间的古老梦想，不是时间反演，而是时间旅行。1894—1895 年，《新评论》（ *New Review* ）连载了赫伯特·乔治·威尔斯的著名科幻小说《时间机器》（ *The Time Machine* ）。小说中的时间旅行者利用先进的技术探索地球的未来，发现人类已经进化成单纯温和的伊洛人和凶狠野蛮的莫洛克人。从那以后，时间旅行就成了科幻小说的代名词。科幻小说中有各种各样奇怪的悖论，比如，祖父悖论（如果有人回到过去并杀死了自己的祖父，会怎么样呢？）。要是这样的话，他根本就不会出生，也不会回到过去杀死自己的祖父……再比如，累积观众悖论（重大的历史事件将吸引来自无限遥远未来的时间旅行者）。要是这样的话，黑斯廷斯战役就会被数百万希望亲眼见证哈罗德国王阵亡的观众围观。但我们知道，根据历史记录，这场战役并没有人围观。

读着科幻小说长大的一代物理学家想知道，自然法则（人类当时已知的自然法则）到底允不允许时间旅行。这使得时间旅行不再只是小说家的幻想。结果他们发现，时间旅行是被允许的，就连他们自己也为此大吃一惊。

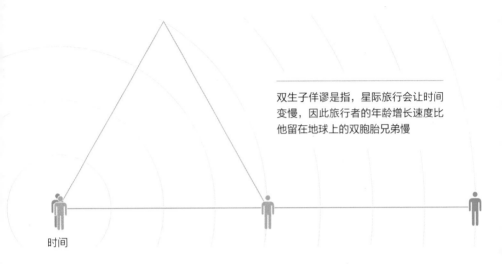

双生子佯谬是指，星际旅行会让时间变慢，因此旅行者的年龄增长速度比他留在地球上的双胞胎兄弟慢

时间

现有的物理定律并没有说时间旅行是不可能的。

这个发现有两种解释。第一种解释认为，尽管物理定律没有明确说明，但时间旅行显然是不可能的（因为时间旅行会导致因果悖论）。所以，目前的自然法则需要调整，以填补这个明显的空白。另一种解释认为，时间旅行是可能的。在这种情况下，我们必须证明那些悖论并不自相矛盾，然后给出理由。关于时间旅行的一个比较早的推测利用了宇宙学的三个特征：第一是空间与时间的相对缠绕，第二是黑洞的存在，第三是自然法则的时间可逆性。相对论的数学特性导致了所谓的双生子佯谬。特维德尔顿和特维德尔迪是一对同卵双胞胎。有一天，特维德尔顿完成了一趟长途旅行。他先以接近光速的速度到达一颗遥远的恒星，然后又以同样的速度返回地球。根据相对论，对特维德尔顿来说，时间流逝的速度要比特维德尔迪慢，所以当他旅行归来时，特维德尔顿比他的兄弟要小好几岁。

宇宙学的第二个特征是吸收物质但不允许物质逃逸的黑洞。第三

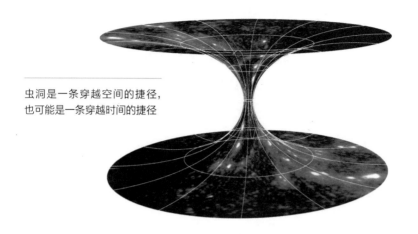

虫洞是一条穿越空间的捷径，
也可能是一条穿越时间的捷径

个特征是时间可逆性。如果黑洞存在，那么它的时间反演的对应结构也应该存在，即不断吐出物质但不允许物质重新进入的白洞。把黑洞和白洞连接起来，就会形成虫洞——穿越空间的一条捷径，一端吸收物质，另一端吐出物质。由于双生子佯谬，穿越空间的捷径可以变成一条穿越时间的捷径。我们用虫洞一端的黑洞取代特维德尔顿，让特维德尔迪看管另一端的白洞。黑洞端的时间流逝速度比白洞端慢，如果你从外面来到黑洞端，然后经虫洞捷径回家，就会回到几年前。更准确地说，你穿越的是一条封闭类时曲线，它的未来会回到它的过去。这就是宇宙学家设计的"时间机器"原型。

从虫洞到实用的时间机器，科学家还需要解决若干问题。如果你试图让一个厚重的物体，比如一个人，从虫洞中穿过，可能在这个物体从洞口出来之前，虫洞就已经关闭了。解决这个问题的方法之一是引入"外来"的负能量物质，使虫洞保持开放状态。但问题是，人们还没有发现负能量物质，尽管量子力学预测有可能存在这种物质。

另一种方法是不使用虫洞，而代之以宇宙弦——线状排列的引力奇点，可使时空沿曲线弯曲。如果两条宇宙弦距离较近，并且以接近光速的速度相向运动，也会形成一条封闭类时曲线。但问题是，宇宙中的能量不足以建造这样的机器。因此，截至目前，时间机器仍然是科幻小说家的一个梦想。

非欧几何

现在，我们继续思考宇宙的形状。新的物理学需要新的几何图形。对大多数人来说，"几何"这个词意味着平面上由直线和圆构成的几何形状。这种几何学概念可以追溯至公元前300年左右的古希腊人欧几里得，但即便在那个时代，人们也已经知道其他类型的几何学对我们理解周围世界同样重要。事实上，之所以有"around"（周围）这个词，就是因为希腊人认为地球（大致）呈球形。

船舶在地球的球面上航行时需要找到精确的航线，由此推动了第二种几何学（球面几何）的发展。平面上的测地线，即两点之间的最短路径，是一条直线。但是，球面上的测地线是由穿过球心的平面切割球体形成的圆。球面测地线包括所有经线，但不包括纬线（赤道除外）。纬线也是平面上的圆，但它们所在的平面不经过球心。因此，球面几何在许多方面与欧几里得几何不同，其中最引人注目的区别可能是三角形内角和。在欧几里得几何中，三角形内角和一定是180度。然而，在球面几何中，三角形内角和肯定超过180度，超出的度数与三角形面积成正比。在利用平坦的纸张为球形地球绘制地图时，几何我们的地球是球体，但由于体积巨大，在人体大小的区域内看起来几乎是平的，所以它弯曲的几何结构很容易被误认为平坦的平面结构。因为地球不是平的，所以任何平面地图上的各大洲的形状都必然发生扭曲。谨慎的妥协有助于制作出接近真实形状的平面地图，但我们必须沿着海洋将球体结构拆开

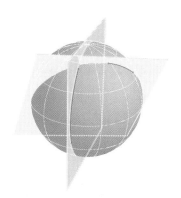

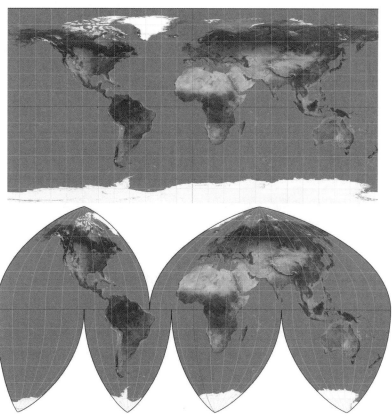

特性的差异会造成很多问题。例如，如果把地球上的测地线表示成地图上的测地线，就不可能保证角度正确。因此，在设计地图时，我们需要保留地球几何结构的某些特征，而舍弃其他特征。不同的取舍会产生不同的地图投影，形成在平面地图上表示球形地球的不同方法。最著名的地图投影是1569年创立的墨卡托投影，它保留了罗盘航向（方向），但改变了面积——两极附近的区域看起来比实际面积大得多，各个国家的面积也按比例发生了变化。

欧几里得在创作《几何原本》时提出了一系列基本假设，即公理。其中一条公理比其他几条复杂得多。这条公理称，给定一条直线和直线外一点，通过该点有且只有一条直线与该直线平行。人们想知道它是否可以用其他公理推导出来。

球面几何几乎遵循欧几里得的所有公理，但平行公理除外。球面上任意两条直线都会相交，也就是说球面上没有平行线。然而，欧几里得的另一条公理称，两条直线相交于一点。但是，球面上的两条直线总是相交于两点（位于直径两端）。现代数学家坦然地把"点"重新定义成直径两端的一对点，从而回避了这个问题，但在欧几里得时代，一个点是点，而两个点则不是点。

在寻找平行公理证明方法的过程中，有人提出了一种与欧几里得几何不同的几何学——双曲几何。在这种几何学中，存在平行线，但它们并不唯一。通过亨利·庞加莱提出的一种方法，我们可以形象化地了解这种几何学。在平面上固定一个圆盘，并要求平面上的所有点都必须位于这个圆盘内部（不包括圆盘边缘）。直线被定义为与圆盘边缘垂直相交的圆，更准确地说是位于圆盘内部的那部分圆弧。然后，奇迹出现了，欧几里得的所有公理都适用于这个几何结构，但平

行公理除外。如果仅凭其他公理就可以证明平行公理，那么平行公理
在双曲几何中也应该是有效的，但事实并非如此。

另外一种方法是，把双曲几何解释成负常曲率曲面上的测地线几
何。球面几何是正常曲率曲面上的测地线几何，欧几里得几何是零曲
率曲面（即平面）上的测地线几何。

因此，曲率这个概念把不同的几何学统一起来了。

天空中的圆

地球是一个弯曲的表面，或者说是一个球面。

宇宙是什么形状的呢？它是弯曲的吗？如果是，它又是如何弯曲
的呢？

人们之前一直认为宇宙是无限的，可以用三维欧几里得空间作为
它的模型，但不久前我们终于确定这个观点是错误的。事实上，宇宙是
有限的，尽管它没有边缘，不会让空间撞墙似地"停下"前进的脚步。

在二维空间中，球面是有限的，但没有边。然而，那些只能在这
种表面上移动，并且不知道还有其他东西存在的生物，可以通过观察
这种表面的几何规则来推断它的形状。我们也希望借助同样的方法，
推断宇宙的形状。

我们已经知道，欧几里得几何不是唯一一种几何学。除了欧几里
得几何（平面几何）外，还有球面几何（正曲率空间，三角形内角和
超过180度）和双曲几何（负曲率空间，三角形内角和小于180度）。
德国数学家格奥尔格·波恩哈德·黎曼发现类似概念适用于有三个或

我们可以通过观察夜空来确定宇宙的形状。比如，如果宇宙是一个环面（先将正方形卷成圆柱，再将圆柱两端连接起来形成的结构），我们就能在不同的方向上观察到同一个星系（下图）。环面是平的，但如果空间的几何形状是弯曲的，就会与环面非常相似。但问题是，我们需要找出天上的无数星系中到底哪一个可以被多次观测到。某种非欧几何有助于简化这个问题，但难度很大

多个维度的空间。也许我们所在的宇宙实际上是弯曲的（也就是说，非常大的三角形与小的欧几里得三角形具有不同的特性），而不是环绕在其他东西周围。爱因斯坦认为，引力是由空间的弯曲产生的。

我们现在认为，宇宙源自大爆炸，空间和时间最初是一个点，之后开始快速增长。但是，宇宙当时变成什么形状了呢？很有可能是一个三维球体，是与球面相对应的三维结构（正曲率，有限，没有边）。这是爱因斯坦方程的早期解假定的形状。但还有另一种有趣的可能性：宇宙仍然是有限的，但具有负曲率。这样的几何形状有很多，事实上，有无穷多个。数学家称它们为双曲流形。

我们可以通过在庞加莱盘上创建镶嵌图形的方式构建这种几何形状。双曲几何中有特别多的镶嵌现象，例如，我们可以用三角形对称

的方式镶嵌庞加莱盘。在欧几里得几何中，对称的镶嵌图形较少，最简单的是正方形网格。假设你发挥数学想象力，想象正方形网格中的所有方块都是相同的，当这个网格像许多电脑游戏中的屏幕那样"卷起"时，某个正方形的点就会同时位于网格另一侧的边上。以这种方式镶嵌的宇宙是什么形状呢？答案是环面，就像甜甜圈的表面。如果你把正方形的第一组对边粘在一起，就可以把正方形卷成管状，再把另一组对边粘在一起，就可以把环状结构变成一个首尾相连的完整圆环，即环面。环面是有限的，而且没有边界。

如果使用庞加莱圆盘的镶嵌结构完成同样的步骤，就会得到双曲流形。我们从对称镶嵌开始，并假定某些看似不同的镶嵌结构其实是一样的，就可以让镶嵌结构形成"环绕"的形状。该形状仍然具有负常曲率，但它是有限的，而且没有边界，就像一个环面。这说明我们所在的宇宙就属于这种奇异的形状，但它位于四维时空中，而不是庞加莱盘的二维时空。如果真是这样，我们如何证实呢？在任何没有边缘的有限宇宙中，我们看向不同的方向，都可以在天空中的不止一个位置观察到同一个星系。我们所在的宇宙非常大，但今天的望远镜的功能已经十分强大。数学家发现，如果宇宙是负弯曲的，遥远星系构成的相同图形就会重复出现，在天空中形成特别的圆圈。观察这些圆圈，就可以确定宇宙的形状。为了找到它们，我们需要用计算机来比较圆圈上所有可能的星系。这项任务的工作量非常大，但是人们正在制造望远镜，用于观测天空，同时人们也在进行计算机编程，以便搜寻相同的圆圈。

尽管这听起来十分有挑战性，但我们真的有可能在不久的将来就可以确定整个宇宙的形状。

第 16 章
答案终于揭晓了！

　　一个关于日常事件的简单问题竟然可以引发如此深入的研究，真是出人意料。刚开始，我们思考的是雪花的形状，但到最后，我们已深入到物理定律的基础，空间、时间和物质的本质，以及宇宙的形状和历史等深奥的哲学问题了。在这个过程中，我们与全新的几何学不期而遇，见证了小小的晶莹冰粒呈现的六次对称性，欣赏了物理世界中令人叹为观止的图形。此外，因为自然界中很多妙趣横生的规律都蕴藏在生物体内，我们还探索了生物世界中的各种图形。所有这些研究，都大大拓展了我们的知识视野。

　　事实上，生物体构成的图形是其存活下来的保证。但是，与普通的非生命物质不同，生命已经进化出了驾驭这些图形的能力，可以以特定的方式把它们结合在一起，从而确保这种与生命密切相关的奇怪的自我参照过程可以有效地发挥作用。因此，生命可以创造奇迹，能够自我繁殖。生命可以让自己变得更复杂，也可以让自己变得更有秩序。这些过程在普通的无机物质中是看不到的。事实上，如果我们真的看到了这些过程，我们就会立刻断定它是有机物。如果它像鸭子一样繁殖和自我组织，它就可以像鸭子一样活着。

　　但这种区分方法从本质上看十分荒谬。所谓的有机物并不存在，活鸭子与死鸭子是由同种原子构成的，而且这些原子与岩石、海洋或者土星的第11颗卫星的原子一样，遵循相同的法则。有机物其实就是以某种方式组织起来的物质，拥有非凡自组织特性的是系统，而不是组成成分。矛盾的是，生命的灵活性和适应性产生于自然法则的不变性和刻板性。

直觉在这里遭受了重创。正如我们看到的那样，复杂性和简单性不会一成不变地从规则传递至结果，对称性和连续性也不会一成不变地从规则传递至结果。现在，刻板性和不变性同样不会一成不变地从规则传递至结果。事实上，我们还不清楚是否存在一些有意义的特性，可以一成不变地从规则传递至结果。

可能性是一个例外。

结果可以展示法则的内在可能性，至关重要的是，法则还可以展示其运行环境的内在可能性。无论是鸭子体内的碳原子，还是土星的第11个卫星中的碳原子，它们都遵循相同的法则，但是它们在这两种情况下发挥的作用和发挥作用的方式存在很大区别。

所有这些对我们了解雪花的形状有什么帮助呢？

一方面，它告诉我们雪花的形状是可以理解的。既然我们有希望了解宇宙的形状，那么我们也应该可以揭开雪花形状的奥秘。

另一方面，它告诉我们无论我们对雪花的形状做出何种解释，都不是最后的结论。关于雪花的形状，我们至多可以给出一些令人信服的解释。这些解释可能非常高明，可以自圆其说，也可以提出一些切实可行的有趣实验，还可以在实验室中根据需要制造雪花。但除此之外，人类不能也不应该怀有更大的野心。真理是我们永远也无法理解的（如果确实存在真理的话，但我对此持怀疑态度）。我们可以追求真理，即在自己的有限领域中发挥作用的科学解释。因为组分非常简

为什么雪花呈现出这种奇妙的形
状呢？综合我们的所有发现，就
能给出一个令人满意的答案。当
然，在科学领域，任何一个新答
案都会引出新问题

单，所以这些科学解释的效果非常好。

　　雪花是利用某种气象模具浇铸而成的吗？不是。

　　它们是按照某种未知的宇宙配方培养出来的吗？不完全是。

　　它们的形态是否基于物理定律，但整个过程过于复杂，以至于我们无法完全掌握？当然是。

　　我们是否可以简单地描述这个过程，并从中得到有益的洞见呢？当然可以。

　　这个过程是相变吗？是的。

　　是分岔吗？是的。

　　是对称性破缺吗？是的。

　　是混沌吗？是的。

　　是分形吗？是的。

　　是复杂系统吗？是的。

　　我们能完全理解雪花的形状吗？不能，但我们可以试试看到底能理解多少。

让混沌变成风暴！ ————————————————————

　　雪是在云里形成的。

　　从太空看，地球主要呈现出蓝色和白色，这是海洋和云的颜色。大陆的绿色和棕色虽然经常可见，但往往被云层遮蔽。

　　近距离看，云会呈现出多种不同的形态，它们在天空中千变万化，几乎永远不会重复。云主要是由水蒸气组成的。当暖空气从较低的区域上升至温度较低的高空时，大气中的水蒸气就会冷凝。因为在某种程度上，云是由空气的流动形成的，所以很多云团内部都在不停地发生变化。我们已经知道，这种连续不断的变化是有秩序的，因此有各种各样的云，包括大家熟悉的积云、雨云、卷云和层云。现代社会对云的分类更细致，而且我们已经深入了解了这些形态与基础物理学之间的联系。

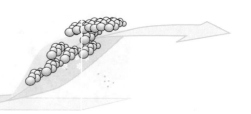

雪花的形成过程是一股巨大的力量作用于微小粒子的过程。在大气条件适宜的情况下（中图），上层大气中的水分就会结成冰（上图）。如果大量冷空气遇到暖空气，就有可能引发一场暴风雪（下图）。生活在地面上的我们会突然意识到，我们头顶上的高空正处于风云变幻的状态

　　低层大气中的云与地面（或海洋）经常会发生强烈的相互作用。地面温度非常高，就会使低层的空气变暖。热空气往上升，但由于整个大气层不会均匀地上升，所以对称性会被打破，从而形成局部对流——中心位置的空气上升，两侧边缘位置的空气则冷却下降。上升的空气携带水分，如果地面潮湿，它携带的水分就会特别多。空气在上升的过程中会冷却并发生相变，水分凝结成小水滴或者冰。

　　我们在电视屏幕上看到的气象图，试图利用风速、风向、温度、雨带（冰雹或雾）等简单的概念，以及各种气象锋面，来传递关于大气状况的信息。当大量的空气进入一个新区域，而原先占据这个区域的空气温度明显更高或者更低时，就会形成锋面。锋面概念的首次提出是在第一次世界大战期间，在最先进的气象研究中，它已经被更复杂的概念取代；但在讨论雪的形成过程时，这个概念可以帮助我们轻松地绘制出直观的图形。

　　当一股暖空气进入被冷空气占据的区域时，就会形成暖锋。暖空气不如冷空气密度大，所以它会升到冷空气上方。这两团空气中间有一个楔形混合区，在湍流的搅动下，两团空气被混合到一起。在混合区上方，携带水分的暖空气上升，冷却后形成一层厚厚的雨层云。通常，当看到厚厚的灰色云层时，我们就会联想到雨。再往上是高层云和高积云，位于距离锋面更远的地方。在高层云和高积云下方，剩下的冷空气可能会形成一团团的层积云。

　　在混合区中温度变化最剧烈的区域，多余的水蒸气凝结成冰晶，继而变成雪花或密集的冰雹。它们在云团内部循环，最终下降到比云团底部还要低的位置。根据云团下方的温度，下落的冰要么融化成雨，要么凝结成冰雹或雪。大部分雨水都落在锋面与地面的交界处。

冷锋与暖锋相似，但冷空气会下沉到暖空气下方。雨层云在锋面稍前的位置形成一条云带。在这些云的上方略靠后的位置，云层上升，形成高层云。在较低的云层中，不断推进的锋面后面会形成晴天积云，而锋面前面则会形成一团团层积云。雨、冰雹或雪从雨层云的底部落下，降落地点大致在锋面与地面交界处。

大气高处的卷层云也可以形成雪。如果暖空气覆盖在冷空气上方，在卷层云中形成的雪花就会从无云的天空落下，这种现象在极地地区比较常见。在暖空气和冷空气交界处，冷空气中的水蒸气可能会因为过于饱和而凝结成小小的针状或柱状冰晶，像闪闪发光的钻石砂一样从天而降。

让雪花蜂拥而至

实验人员在制造冰晶时，可以借助设备模拟出比暴雨云简单得多的条件（例如恒温、恒压）。这样一来，他们就有可能找出影响晶体形状的因素。结果表明，温度与过饱和是两个主要因素。

温度是我们非常熟悉的一个概念，我们都知道冰必须在寒冷的条件下才能形成。过饱和指的是空气中水蒸气的含量。通常，一定量的空气只能吸收有限的水蒸气。一旦超过饱和度，多余的水蒸气就会凝结成细雾。暖空气的饱和度比冷空气高，也就是说，它能吸收更多的水分。如果饱和的暖空气非常平稳地冷却下来，就会变为过饱和，即含有的水分多于较低温度下的饱和水平。这是一种亚稳态，也就是说，突然的扰动、尘埃粒子或其他不规则结构都会导致其发生变化，使含水量降至正常的饱和水平。这样一来，多余的水蒸气就会被排出，如果温度足够低，这些水分就会凝结成冰，而不是雾。所有这些从水蒸气到液态水或冰的变化都属于水分子系统的相变。

冰晶可以呈现出多种形状。最简单的六角形片状结构的形成条件是温度略低于冰点，在27华氏度到32华氏度之间，含水量为略高于饱和水平（低于30%）。这是因为，在这种温度条件下，冰晶体的一条直边会稳定地生长，任何微小的不平整都会被弥平。在生长的过程中，这条边始终保持笔直。考虑到冰晶晶格的六次对称性，我们知道冰晶会长出6条一模一样的直边，形成一个六角形。我们早已发现，冰晶偏爱平坦的层状结构，至少在不太极端的条件下具有这种倾向性。因此，我们经常会看到平坦的六角形片状结构的雪花。

如果温度相同但过饱和水平更高（超过30%），就会产生一种叫作"马林斯–赛克尔卡不稳定性"（Mullins-Sekerka instability）的现象。冰晶平直边缘的平移对称性被打破，动态过程发生分岔。此时，即使是微小的不平整也会被放大，直边在生长的过程中会形成尖刺。如果尖刺太长，边缘就无法保持平直，侧面会分出二级尖刺。这与分形生长过程中的尖端分裂非常相似，它会使冰晶形成分形形状。由于冰晶晶格具有这种规则的几何形状，所以分形在生长过程中会形成树状晶体。

在大约30%的过饱和水平下，根据不同的温度条件，冰晶会呈现出很多其他形态。前文中说过，在27华氏度和32华氏度之间，冰晶是树枝状结构。在23华氏度和27华氏度之间，冰晶是针状结构。在18华氏度和23华氏度之间，冰晶的厚度增加，形成空心六角棱柱结构。在10华氏度和18华氏度之间，以及–11华氏度和3华氏度之间，我们可以看到扇形片状冰晶——带有精细对称图案的薄片结构。在3

华氏度和10华氏度之间，树枝状冰晶会再次出现。当温度低于–11华氏度时，我们可以看到空心棱柱冰晶。在较低程度的过饱和状态下，如果温度足够低，晶体就会变得更厚，我们将看到片状冰晶和实心棱柱冰晶。

　　冰晶的形态远不止这些，但有两点非常重要：第一，冰晶都是对称的六角形结构，但具体形状复杂多变；第二，冰晶对云层内部的大气条件有很大的依赖性。冰晶的物理特性为冰晶呈现各种不同的形态创造了条件，而雪花的具体形状则取决于它在云团内部变幻莫测的旅途中（在这个过程中，它不断地吸积水分子）的经历。

　　规律性（对称性）和不规则性（云中的混沌动态）结合，帮我们解决了一个难题，揭示了自然界中的雪花既具有六次对称性，又在其他方面具有多样性的奥秘。雪花的形状中蕴含着很多深奥的东西，包括相变、对称性破缺、分岔、分形几何、混沌等。雪花充分展示了图形形成过程的数学原理。

雪花的最后成形

　　雪花是什么形状？

　　雪花可以随心所欲地选择形状。但是雪花无欲无求，当它们以实物形态出现在我们眼前时，它们还不是雪花。它们形成于高空中由水蒸气构成的巨大云团之中，水蒸气的分子由两个氢原子和一个氧原子组合而成，在与其他水分子发生碰撞之前，一直处于游离状态。水分子的"舞蹈"是复杂无序的纯粹物理现象，是大量无穷小分子的集体运动。这种"舞蹈"有统计图形，我们称之为温度、压力和饱和度。这些图形为水分子翩翩起舞奠定了基础，它们的特殊组合则可以改变舞蹈的韵律和节拍。之前处于游离状态的水分子相互结合，形成一种微小的晶种，它不再是蒸汽，而是固体结构。在物质的数学规律和束缚力的共同作用下，水分子近乎完美地结合到一起，变成了微小的冰粒。在创造这种冰粒的结构时，它们显然没有一如既往地依赖宇宙法则，因为它们创造出来的是六角形结构。

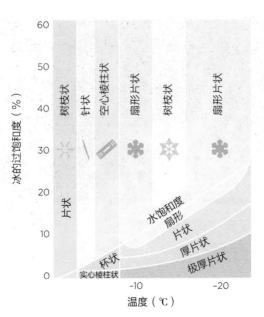

大气条件不同，冰晶的形状也不同。最重要的条件是温度和过饱和度（含水量）。这些因素的数值决定了晶体的整体形状，而晶体的具体细节取决于云团的混沌状态

暴雨云是一种复杂的分子系统，含有数十亿个六角形"尘埃"颗粒。在湍急对流的作用下，它们或者涌向天空，或者四处飞舞，或者从高空砸向地面。不时有分子与它们相撞，然后连接在一起，形成不断增长的晶格。这时，法则再次发挥了潜在作用，在无序状态下生成了图形。这些图形可能有多种视觉形式，但过饱和度与温度的统计规律会再次抑制这种多样性。在每一个瞬间，早期雪花的6个端点都会暴露在几乎相同的条件下，因为相对于发生显著变化的云团统计特性而言，雪花太小了。分子法则在雪花的每个端点处制造出大致相同的结构，每片雪花都会保留最初的六次对称性。每时每刻，雪花的形态都会根据周围环境发生变化，所以对称性包括那些雅致精细的花边图案。云中的空气和水蒸气的流动非常混乱，每个区域、每个时刻都各

不相同。每片雪花都循着自身的发展轨迹，体验着自身的历史，同时，把自身在暴风雨中微不足道的结晶历程记录下来……

这一切都记录在那6个相同的部位之中。10亿枚六角形种子，10亿次历程，就会留下10亿部历史，和10亿片雪花。所有雪花都会重复它们的六重图形，但所有雪花的图形各不相同。这是开普勒研究过的六角雪花，此外，还有许多人也研究过雪花。物理定律讲述了许多故事，这个故事只是其中之一。

雪花在云团的底部飘移不定。当时机成熟时，它们就会从天上飘落。当薄薄的、蓬松的雪花落在地面、枝头上时，展现在我们眼前的将是一个银装素裹的世界。

雪花并不是最令人惊叹的事物。我们的宇宙丰富多彩，可以制造

出数量极其繁多的复杂形态，而地球只不过是其中一个微不足道的部分。恒星的复杂程度超过雪花，宇宙中恒星的数量又超过暴风雪中的雪花数量。

我从事的是数学研究，我把自己的大部分时间都花在学习如何检测图形、理解图形、分析图形、利用图形和找到新图形上。在这个过程中，我体验到了宇宙令人惊叹的奇迹。我站在巨人的肩膀上，我的脚下是人们不断摸索、努力了解周围世界的 5 000 年数学史。我看到的是所有人都可以看到的东西，在某些方面我或许看到的更多，我发现了规则、法则和规律。孩子眼中冰凉窗户上的树状图案，在成年人的眼中就应该是晶体分子的分形生长和大自然中隐藏的对称性。

我相信，了解宇宙的行为不会损害宇宙的浩瀚，了解雪花的形成原理也不会破坏雪花的美。魔术一旦泄密就会失去吸引力，但宇宙不是魔术师表演的魔术。重要的是，我们对这个世界知之甚少，还有更多的秘密等待着我们去发掘。

所以，雪花到底是什么形状？

答案是：雪花形。

术语索引

吸引子（attractor）

动态系统的状态随时间而变化。将相关变量（可以表现系统特征的量）绘制成图，可以直观地表现这些变化。随着时间的推移，系统的状态沿着图中某个路径移动。这些路径通常会"回归"到图中的某些区域，并形成一个特定的形状，即吸引子。它是系统长期表现的一种几何描述。

分岔（bifurcation）和灾变（catastrophe）

系统中一个非常小的变化有时会导致系统的状况发生巨大变化，例如，系统突然呈现出一个截然不同的状态（比如，弯曲的树枝突然折断）。这种状态的突然变化被称为分叉或灾变。

大爆炸（Big Bang）和大挤压（Big Crunch）

天文观测表明，宇宙是由一个时空中的点在大约120亿~150亿年前急剧膨胀形成的，这就是宇宙起源的大爆炸理论。宇宙可能会以相反的过程（大挤压）终结，也可能会一直膨胀下去。

黑洞（black hole）、事件视界（event horizon）和虫洞（wormhole）

如果一颗大质量的恒星坍缩，其引力场就会变得非常强，以致光无法逃逸，形成黑洞。光被捕获的临界面就是黑洞的事件视界。黑洞与白洞相互对立，如果两者相连就有可能形成一条穿越时空的捷径，即虫洞。

元胞自动机（cellular automaton）

元胞自动机是由一组"单元格"（例如，像棋盘格子那样的方块）构成的数学系统。每个单元格可以有多种状态，用不同颜色表示。根据具体规则，每个单元格的颜色会在瞬间发生变化，这取决于其相邻单元格的颜色。

混沌（chaos）

即使某个系统遵循精确的数学规则，而且本身不包含任何明显的随机成分，它的运行方式也有可能呈现出异常复杂的特点。事实上，它的表现从某些方面看似乎是随机的，我们称这是一种确定性的混乱状态，即"混沌"。天气就是一个典型案例。

决定论（determinism）

艾萨克·牛顿和他同时代的人发现，物理宇宙可以用数学方程式来描述。根据这些方程的预测，系统在某一时刻的状态只会产生未来的一个可能的结果。受此启发，人们提出了决定论的基本原理，即从本质上看，宇宙的未来完全取决于它的现在。

衍射图样（diffraction pattern）

当X射线穿过晶体时，会因为相互干扰而形成一种图案，这种与晶体原子结构具有数学相关性的图案就叫作衍射图样。根据衍射图样，可以计算出晶体本身的结构。

等程音阶（equitempered musical scale）

在"自然"音阶（例如人类唱歌使用的音阶）中，连续音符之间的音程可能略有不同。等程音阶改变了音符的音高，因此所有音程都完全相同。约翰·塞巴斯蒂安·巴赫是最伟大的等程音阶的倡导者。

真核生物（eukaryote）和原核生物（prokaryote）

地球上所有的生命形式（不包括病毒）都可以分为两大类。原核生物通常是一个单一的原始"细胞"，没有细胞核，也没有细胞壁。细菌是主要的原核生物。真核生物的大部分遗传物质都保存在细胞核中；它还有细胞膜。真核生物既可能是单细胞生物（例如阿米巴虫），也可能是多细胞生物（例如草、蜗牛、猪、人等）。

分形（fractal）

一种几何形状，无论放大多少倍，都可以看清其复杂的细部结构。

双曲流形（hyperbolic manifold）

一种多维曲面空间，其中小区域的几何形状是非欧几里得空间。更具体地说，在小区域里它具有负曲率，因此许多经过同一点的不同直线都有可能与给定的直线"平行"。

同构（isomorphism）

如果两个数学结构有相同的抽象结构，但我们可以用明显不同的术语分别描述它们，我们就说它们具有同构性。例如，英语中的

"one、two、three…"和法语中的"un、deux、trois…",从本质上讲这两组不同的单词描述的是相同的事物。如果瓷砖的拼接方式相同,则两种镶嵌模式具有同构性;如果某种镶嵌模式的局部区域可以在另一种镶嵌模式中找到,则这两种镶嵌模式具有局部同构性。

曼德勃罗集合（Mandelbrot set）

一个由波兰数学家伯努瓦·曼德勃罗发明的著名分形。它的定义使用了复数 $z = x + iy$,其中 $i = \sqrt{-1}$。给定任意复数 z,我们可以形成序列 $0, z, z^2 + z, (z^2 + z)^2 + z \cdots$,其中每个数都是前一个数的平方加上 z。如果该序列不趋于无穷,数 z 就是曼德勃罗集合。

莫比乌斯带（Möbius band）

德国数学家奥古斯特·莫比乌斯于1858年发明的一种单侧曲面。取一条长约10英寸、宽约1英寸的纸带,将它首尾相连,但在连接时将纸带扭转半圈,使相反的两面连接到一起。这时,这个纸带只有一个面。如果你从纸的一头开始,将它的一面涂成红色,然后沿着纸带一直涂下去,最后纸的正反两面（而不是其中一面）都会被涂成红色。

周期循环（periodic cycle）和振荡（oscillation）

循环就是指一系列事件以相同的顺序不断发生。如果这些事件每次重复发生的时间间隔相同,这个循环就是周期性的。例如,钟摆以相同的时长一遍又一遍地重复同样的运动。钟摆的这种行为也被称作振荡。

量子力学/量子理论（quantum mechanics / theory）

从1887年开始，物理学家逐渐意识到，在非常小的空间和时间尺度上观察到的物理定律与我们在人类尺度上观察到的物理定律完全不同。粒子有时会表现得像波，而能量是一个固定的微小单位的倍数。这个微小单位就是量子，由此产生的理论——量子力学是微观物理学的基础。

相对论（relativity）和双生子佯谬（Twin Paradox）

众所周知，相对论是爱因斯坦于1905年发现的，是研究非常大的尺度和非常高的速度下的空间、时间和引力的物理学分支。这种条件下的物理定律不同于在人类尺度上观察到的物理定律。根据狭义相对论，当物体的运动速度接近光速时，空间缩小，时间减慢。双生子佯谬是相对论导致的一个问题：如果双胞胎中的一个以非常快的速度到达一个遥远的星球，然后返回地球，那么当他到家的时候，他会比他的双胞胎兄弟更年轻。根据广义相对论，引力是由时空弯曲产生的。

超对称（supersymmetry）、超弦（superstring）和万物理论（Theory of Everything）

物理学家希望用单一的理论将相对论和量子力学统一起来，作为所有物理学的基础。这类理论被称为万物理论。用振动的环取代基本粒子的超弦理论有望满足物理学家的这个愿望，该理论建立在超对称现象的基础之上。在超对称现象中，当某些粒子被假设的粒子（根据数学转换而来）取代时，量子力学定律保持不变。

对称（symmetry）

对称是让某个物体保持不变的数学变换。具有两侧对称性（也称左右对称性、镜像对称性）的物体，看起来和它的反射影像一模一样。具有旋转对称性（也称辐射对称性）的物体，可以旋转各种角度。具有膨胀对称性的物体可以被放大或缩小。

热力学（thermodynamics）和第二定律（second law）

热力学是研究气体热量、温度、压力及其他类似物理量的理论。在热力学基础模型中，气体的原子是相互反弹的小球体。物理学家提出了若干个热力学定律，其中最著名的是第二定律。该定律称，任何热力学系统都有熵（人们通常将其解释为无序），并且它会随着时间的推移而增加。

涡旋（vortex）

涡旋是旋转流体形成的区域。涡旋有大（例如木星红斑）有小（例如烟圈），可以发生于液体之中（例如旋涡），也可以发生于气体之中（例如飓风）。空气中的无形涡旋可以产生足以支撑蜜蜂和喷气式客机飞行的抬升力。

扩展阅读

艺术类

Abas, Syed Jan and Amer Shaker Salman, *Symmetries of Islamic Geometrical Patterns* (World Scientific, 1995).

Critchlow, Keith, *Islamic Patterns* (Shocken, 1976).

Field, Michael J. and Martin Golubitsky, *Symmetry in Chaos* (Oxford University Press, 1992).

Schattschneider, Doris, *Visions of Symmetry: Notebooks, Periodic Drawings and Related Work of M. C. Escher* (Freeman, 1992).

分岔和灾变类

Poston, Tim and Ian Stewart, *Catastrophe Theory and Its Applications* (Pitman, 1978).

Zeeman, E. C., *Catastrophe Theory: Selected Papers 1972–77* (Addison-Wesley, 1977).

生物类

Gambaryan, P. P., *How Mammals Run* (Wiley, 1974).

Goodwin, Brian, *How the Leopard Changed its Spots* (Weidenfeld & Nicolson, 1994).

Gray, James, *Animal Locomotion* (Weidenfeld & Nicolson, 1968).

Watson, James, *The Double Helix* (Signet, 1968).

元胞自动机类

Berlekamp, Elwyn R., John H. Conway, and Richard K. Guy, *Winning Ways* (Academic Press, 1982).

Gale, David, *Tracking the Automatic Ant* (Springer-Verlag, 1998).

混沌类

Gleick, James, *Chaos* (Viking, 1987).

Hall, Nina (ed.), *The New Scientist Guide to Chaos* (Penguin, 1991).

Ruelle, David, *Chance and Chaos* (Princeton University Press, 1991).

Stewart, Ian, *Does God Play Dice?* (Penguin, 1997).

复杂度类

Casti, John, *Complexification* (Abacus, 1994).

Lewin, Roger, *Complexity* (Macmillan, 1992).

Mainzer, Klaus, *Thinking in Complexity* (Springer-Verlag, 1994).

Waldrop, Mitchell, *Complexity* (Simon & Schuster, 1992).

分形类

Barnsley, Michael, *Fractals Everywhere* (Academic Press, 1988).

Mandelbrot, Benoit, *The Fractal Geometry of Nature* (Freeman, 1982).

Peitgen, Heinz-Otto, Hartmut Jürgens, and Dietmar Saupe, *Chaos and Fractals* (Springer-Verlag, 1992).

几何类

Gray, Jeremy, *Ideas of Space* (Oxford University Press, 1979).

Greenberg, Marvin Jay, *Euclidean and non-Euclidean Geometries* (Freeman, 1993).

历史和传记类

Fauvel, John, Raymond Flood, and Robin

Wilson, *Möbius and his Band* (Oxford University Press, 1993).

Gleick, James, *Genius: Richard Feynman and Modern Physics* (Little, Brown, 1992).

Kline, Morris, *Mathematical Thought from Ancient to Modern Times* (Oxford University Press, 1972).

Kragh, Helge S., *Dirac: A Scientific Biography* (Cambridge University Press, 1990).

Westfall, Richard S., *Never at Rest: A Biography of Isaac Newton* (Cambridge University Press, 1980).

数学和自然类

Meinhardt, Hans, *The Algorithmic Beauty of Sea Shells* (Springer-Verlag, 1995).

Prusinkiewicz, Przemyslaw and Aristid Lindenmayer,
The Algorithmic Beauty of Plants (Springer-Verlag, 1990).

Stewart, Ian, *Nature's Numbers* (Weidenfeld & Nicolson, 1995).

Stewart, Ian, *Life's Other Secret* (Wiley, 1998).

Stewart, Ian, *Mathematics of Life* (Profile, 2011).

Stewart, Ian and Martin Golubitsky, *Fearful Symmetry* (Penguin, 1993).

Thompson, D'Arcy Wentworth, *On Growth and Form* (Cambridge University Press, 1942).

哲学类

Barrow, John, *Theories of Everything* (Oxford University Press, 1991).

Casti, John L., *Paradigms Lost* (Scribners, 1989).

Casti, John L., *Searching for Certainty: What Scientists Can Learn about the Future* (Morrow, 1990).

Cohen, Jack and Ian Stewart, *The Collapse of Chaos* (Viking, 1994).

Davies, Paul, *The Mind of God* (Simon & Schuster, 1992).

Dyson, Freeman, *Disturbing the Universe* (Basic Books, 1979).

Dyson, Freeman, *Infinite in All Directions* (Basic Books, 1988).

Kauffman, Stuart A., *At Home in the Universe* (Viking, 1995).

Stenger, Victor, *The Fallacy of Fine-Tuning* (Prometheus, 2011).

Stewart, Ian and Jack Cohen, *Figments of Reality* (Cambridge University Press, 1997).

Weinberg, Steven, *Dreams of a Final Theory: The Search for the Fundamental Laws of Nature* (Hutchinson Radius, 1993).

画刊类

Abbott, R. Tucker, *Seashells of the World* (Golden Press, 1985).

Weidensaul, Scott, *Fossil Identifier* (Quintet, 1992).

Wolfe, Art and Barbara Sleeper, *Wild Cats of the World* (Crown, 1995).

量子力学类

Feynman, Richard P., *QED: The Strange Theory of Light and Matter* (Penguin Books, 1990).

Greene, Brian, *The Hidden Reality* (Knopf 2011).

Gribbin, John, *In Search of Schrödinger's Cat* (Black Swan, 1992).

Hey, Tony and Patrick Walters, *The Quantum Universe* (Cambridge University Press, 1987).

Hoffman, Banesh, *The Strange Story of the Quantum* (Pelican, 1959).

相对论和宇宙学类

Chown, Marcus, *Afterglow of Creation* (Arrow Books, 1993).

Davies, Paul (ed.), *The New Physics* (Cambridge University Press, 1989).

Layzer, David, *Cosmogenesis: The Growth of Order in the Universe* (Oxford University Press, 1990).

Luminet, Jean-Pierre, *Black Holes* (Cambridge University Press, 1992).

Stewart, Ian, *Calculating the Cosmos* (Profile, 2016).